淡水养殖系列丛书

池塘养鱼一月通

江苏省淡水水产研究所　组编

中国农业大学出版社
·北京·

图书在版编目(CIP)数据

池塘养鱼一月通/江苏省淡水水产研究所组编. —北京：中国农业大学出版社，2010.6

ISBN 978-7-5655-0016-9

Ⅰ.①池…　Ⅱ.①江…　Ⅲ.①池塘养殖：鱼类养殖　Ⅳ.①S964.3

中国版本图书馆 CIP 数据核字(2010)第 096739 号

书　名　池塘养鱼一月通

作　者　江苏省淡水水产研究所　组编

策划编辑	赵　中	**责任编辑**	王艳欣
封面设计	郑　川	**责任校对**	陈　莹　王晓凤
出版发行	中国农业大学出版社		
社　　址	北京市海淀区圆明园西路 2 号	**邮政编码**	100193
电　　话	发行部 010-62818525，8625		读者服务部 010-62732336
	编辑部 010-62732617，2618		出　版　部 010-62733440
网　　址	http://www.cau.edu.cn/caup	**e-mail**	cbsszs @ cau.edu.cn
经　　销	新华书店		
印　　刷	北京时代华都印刷有限公司		
版　　次	2010 年 8 月第 1 版　　2012 年 4 月第 14 次印刷		
规　　格	850×1 168　32 开本　3.625 印张　87 千字		
印　　数	122 101～132 100		
定　　价	8.00 元		

丛书主编　夏爱军

丛书副主编　唐建清　韩　飞

本书作者　韩　飞　陈大鹏　刘松海　符宏伟

总　序

目前,我国淡水养殖业已由产量型向素质型转变,由解决“吃鱼难”向保障食物营养与安全转变,由丰富“菜篮子”向促进农业结构调整和农民增收转变。随着经济全球化的发展,更是面临着产业结构、贸易结构、产品质量、渔业资源和生态环境等变化。因此,水产养殖业能否提高产量和效益,主要看养殖生产者的观念能否与时俱进,随时代的变化而转变;以及能否选择好一个新品种,掌握好行之有效的新技术。

近年来,高效农业的快速推进,使得特种水产养殖业发展迅猛,河蟹、青虾、克氏原螯虾、罗氏沼虾、南美白对虾、中华鳖、鳜鱼、鲈鱼、河鲀、黄鳝、泥鳅等名特优新水产养殖品种已达到了规模化生产的水平,形成了自身的特点。各地在科技兴渔方针指导下,利用本地资源、特点和区域优势,大胆实践,勇于创新,新的养殖技术和模式不断涌现。为了促进水产养殖的健康可持续发展,推广新品种、新技术、新经验的应用,满足广大养殖生产者的需求,江苏省淡水水产研究所组织有关专家和学者撰稿,编写了这套“淡水养殖系列丛书”。该套丛书共计 11 本,较系统地介绍了河蟹、青虾、克氏原螯虾、罗氏沼虾、南美白对虾、中华鳖、鳜鱼、河鲀、黄鳝、泥鳅和大宗淡水鱼类等水产品种的养殖方法,融入了近年来获得的水产科技新成果、新技术和新经验;内容科学,以实用技术为重点;语言力求通俗易懂,并配有原色图和示意图,以便读者理解、掌握和操作,适应不同层次读者的需要。

"淡水养殖系列丛书"的出版发行，为水产养殖业者提供了一套致富的有效工具书，也为从事水产养殖等有关专业的科技和教学人员提供了有益的参考资料。

江苏省淡水水产研究所所长　夏爱军

2009 年 6 月

前　言

我国是世界淡水养殖大国，有着悠久的淡水养殖历史，也是世界上最早从事池塘养鱼的国家之一。目前我国池塘养殖面积约为177万公顷，池塘养殖产量达1 252万吨，占内陆水产生产总量的70.5%。池塘养殖的鱼种类主要有草鱼、青鱼、鲢鱼、鳙鱼、团头鲂、鲫鱼、罗非鱼、鳜鱼、斑点叉尾鮰、黄鳝、泥鳅、鲟鱼及翘嘴红鲌等。随着我国加入WTO，淡水鱼纷纷走出国门，开拓海外市场，淡水养殖的发展空间更加广阔，水产品养殖将成为水产品数量增长的主要动力。另一方面，由于世界范围内海洋渔业资源呈衰退趋势，未来国际水产品消费市场的缺口将主要依赖养殖产品补充。而中国渔业具有养殖生产规模大、技术先进、劳动力资源丰富、加工能力强等优势，未来发展前景广阔。

根据我国池塘养鱼的现状和水产行业发展的趋势，为了给广大水产养殖户提供一本有关池塘养鱼方面的技术参考资料，我们组织编写了《池塘养鱼一月通》。本书从池塘建设、亲鱼繁育、苗种培育开始，一直到成鱼养殖及病害防治，较为系统地介绍了目前池塘养鱼各个养殖环节的常规方法、技术及应注意的问题。我们在编写上力求通俗易懂，但由于我国池塘养鱼范围甚广，养殖的品种及模式亦各不相同，加上篇幅有限，未能一一详细列举。编写过程中，编者也参考和引用了国内外出版的相关书籍和资料，特此致谢。

由于本书涉及内容广泛，参阅资料较多，时间仓促，加之编者能力所限，难免造成书中有很多不足和差错，恳请读者批评指正。

编　者

2009年7月

目　录

综　述

一、池塘养鱼的历史及目前的养殖状况

池塘养鱼主要是利用经过整理或人工开挖面积不大(一般面积在数亩至几十亩)的静水水体来进行养鱼生产。池塘养鱼易于人工控制,管理方便,生产过程能全面掌握,可以进行高密度精养,获得高产、优质、低耗、高效的养殖效果。我国大部分地区位于温带和亚热带,气候温和,水温适宜养殖温水性鱼类,是世界淡水养殖大国,有着悠久的淡水养殖历史,早在 3 000 多年前的殷商时期就开始饲养鲤鱼,是世界上最早从事池塘养鱼的国家之一。我国从唐代开始就已经比较普遍地开展池塘养鱼,池塘养殖技术经验丰富。

在我国,广东、湖北、江苏、湖南和安徽等地是中国淡水养殖的主要基地,淡水养殖业相当发达。从养殖的品种上看,青鱼、草鱼、鲢鱼、鳙鱼、鲤鱼、鲫鱼、鳊鱼等鱼是我国淡水养殖的主要品种,养殖面积大,产量高,市场需求旺盛。

目前我国的淡水水产品产量居世界第一,2007 年全国水产养殖面积为 563.321 万公顷,其中海水养殖面积 133.126 万公顷,淡水养殖面积 430.195 万公顷,池塘养殖面积 177.007 万公顷,湖泊养殖面积 105.792 万公顷,水库养殖面积 126.002 万公顷。2007 年全国水产品总产量为 4 747.5 万吨,其中海水养殖产量 1 307.3 万吨,淡水养殖产量 1 971 万吨,淡水捕捞产量 225.6 万吨,海洋捕捞产量 1 243.5 万吨。养殖捕捞比例为 69∶31,比 2006 年提高了 1 个百分点;海、淡水产品产量之比为 54∶46,比 2006 年降低

了1个百分点。

二、养殖规模及主要的养殖方式

池塘养鱼是我国目前主要的淡水鱼养殖方式，我国池塘养殖面积大约为177万公顷，池塘养殖产量达1 252万吨，占内陆水产生产总产量的70.5%。随着水产科研水平的发展及新的养殖种类、模式的出现，我国池塘养殖仍有较大的发展潜力。

目前，池塘养殖的鱼种类主要有草鱼、青鱼、鲢鱼、鳙鱼、团头鲂、鲫鱼、罗非鱼、鳜鱼、革胡子鲶、乌鳢、加州鲈鱼、淡水白鲳、斑点叉尾鮰、黄鳝、泥鳅、虹鳟、鲟鱼及翘嘴红鲌。水产品养殖种类和模式的多样性将成为水产养殖业的主要结构特点，池塘养鱼也不例外。目前池塘养鱼主要有单养和混养两种养殖方式，以混养模式居多，主要的养殖模式有以下几种：

(1)以草食性鱼类为主养鱼的混养模式　通过给草食性鱼类投喂草类，利用草鱼、鲂鱼的粪便肥水，饲养鲢鱼、鳙鱼等。这种混养模式以水草和种植青饲料为主，可适量添加部分精饲料。由于饲料来源较容易解决，产量和经济效益较好，该混养模式在我国较普遍。

(2)以滤食性鱼类为主养鱼的混养模式　即以鲢鱼、鳙鱼为主养鱼，适当混养其他鱼类，特别是混养摄食饲料碎屑能力较强的鱼类如非鲫、银鲴等。这种模式以施肥为主，同时投喂草料。由于肥源广，成本较低，我国不少地区池塘养鱼以这种模式为主。

(3)以杂食性鱼类为主养鱼的混养模式　以鲤鱼或鲫鱼为主养鱼。前者北方多见，后者南方多见。以鲤鱼为主养鱼的养殖类型以投精料为主，养殖成本较高；以鲫鱼为主养鱼的养殖类型以施肥为主，养殖成本较低。

(4)以肉食性鱼类为主养鱼的混养模式　该混养模式主养鱼以青鱼为代表。由于螺、蚬类天然资源较少，青鱼颗粒饲料还未完全解决，故这种养殖模式不多见。

另外还有鱼类和其他水产养殖品种的混合养殖，因为本书主要介绍池塘养鱼技术，在此不再赘述。

总的来说，目前池塘养鱼的主要趋势为：①“多品种、大规格、低密度”的各种水产品的混养将成为主流模式，各个地区可以根据自己的特点合理组合，如鱼虾混养、鱼蟹混养、鱼鳖混养等；②无公害、无污染的天然生态养殖模式将成为趋势；③休闲渔业、餐饮渔业和观光渔业等将成为养殖模式的有力补充。

三、市场状况及收益分析

淡水鱼养殖是我国淡水养殖的主体产业，又是我国水产品市场供应的主导产品，因其价廉物美，以鲜活鱼为主，常年供应，很受消费者欢迎，对稳定我国水产品市场、改善城乡居民饮食结构起了很大的作用。

2007 年全年，肉禽制品价格增幅 31.7%，蛋品 21.8%，粮食 6.3%，蔬菜 7.3%，鱼 5.1%。水产品价格变动的幅度从 2007 年 2 月的 3%～4%到 9 月的 7.5%，始终保持在 10%以内，呈现出独特稳定的一面，即使肉禽类商品价格涨幅达 49%、蛋品涨幅 34.8% 时，水产品仍在 5%～6%波动。近年来水产品价格持续走高，但也仅仅游走在市场价格波动中间区域，没有出现肉禽、蛋品市场那样的剧烈波动。在我国食品类商品中，水产品是进口商品所占比例最高的。由于进口水产品相对于其他商品所占比重较大，当人民币持续增值时，进口水产品肯定将大幅度或者成倍增加，从而有力地限制国内同类商品价格的增长。

在今后较长一段时间内，水产品市场行情不会出现高涨势头，将继续保持缓慢上升态势，不会出现价格大起大落局面。相对于农产品市场，水产品市场仍将是平稳发展的市场，这将是一个长远趋势。原因在于，水产品市场比农产品市场更加成熟、更加市场化。水产品市场的自我调控能力超过猪肉市场、禽类市场、蛋品市场。水产品市场受到外在干扰比较少,像蓝耳病、禽流感等畜禽病那样会对人体产生较大危害的鱼病还没有发生过。当然,主要原因还在于:水产品市场的多元化趋向更加明显,它并不是靠零售市场独撑的市场,是出口型导向、中高档餐饮导向、中产阶层消费导向的市场。

四、小结

改革开放 30 多年来,我国渔业发展取得了举世瞩目的成就。我国是目前唯一养殖产量超过捕捞产量的国家。全国从事水产养殖的劳动力达 1 000 万人。

随着我国淡水鱼纷纷走出国门,开拓海外市场,淡水养殖的发展空间更加广阔,水产品养殖的比重还将进一步提高,水产品养殖将成为水产品数量增长的主要动力。根据 FAO 的预测,2030 年中国水产品产量将达到 7 611.5 万吨,较 2005 年产量还有 49.02%的增长空间。

农业部发布的《全国渔业发展第十一个五年规划》提出,至"十一五"期末,中国水产品养殖产量将达到 4 550 万吨,养捕产量之比达到 76 : 24。规划还确定了其他一些主要发展指标:水产品总产量达 6 000 万吨,年均增长 3.3%,人均水产品占有量 44 千克,人均水产品消费量 12 千克;渔业总产值 5 700 亿元,年均增长 6.4%。

世界水产品消费量在未来 30 年内将进一步增加,水产品供给的增加将主要来自以中国为首的亚洲发展中国家。由于世界范围内海洋渔业资源呈衰退趋势,未来国际水产品消费市场的缺口将主要依赖养殖产品补充。而中国渔业具有养殖生产规模大、技术先进、劳动力资源丰富、加工能力强等优势,未来发展前景广阔。

在目前的挑战和机遇面前,养殖户应该注意以下几方面问题:

①调整产业结构,根据当地的自然地理条件与其他养殖品种混养,如鱼虾混养、鱼蟹混养、鱼禽立体混养等。②改进养殖方法,推广无公害的生态养殖,通过合理搭配养殖品种,形成类似野生条件下的生态系统,提高养殖品质。③培育新品种,如通过现代育种技术培育出的异育银鲫、建鲤等。④有条件的可与生态旅游联系起来,开发垂钓、休闲、饮食等项目。⑤进行养殖品种的深加工,开发新的饮食方法。⑥加强水产养殖行业协会的建设,积极扶持和发展专业技术协会、流通协会,提高产品规模化和组织化程度,使水产养殖品生产和经营的行业协会发挥行业自律作用,规范行业经营。

第一章　池塘养殖鱼类的选择及生物学特征

一、养殖鱼类应具备的特点

如何因地制宜地选择养殖鱼类，使有限的投入取得最大的回报，是养殖中首先遇到的关键问题。一般来讲，比较理想的池塘养殖鱼类应具备以下几个条件。

1. 食用价值高，经济效益好

养殖用鱼的肉质能否食用以及食用的鲜美程度是衡量这一养殖鱼种食用价值高低的最重要的条件，鱼肉中可食部分比例、蛋白质含量、脂肪含量、各种氨基酸及不饱和脂肪酸的含量均可作为评价该鱼种食用价值的重要指标，另外市场对该鱼的普遍的认知程度对其销售和价格有着关键的影响作用。所以对养殖户来讲，养殖用鱼最好选用肉质鲜美，蛋白质含量高，脂肪含量低，含各种氨基酸和不饱和脂肪酸，目前已经被市场所广泛接受的种类。

2. 生长速度快，生产性能好

养殖鱼类最好在较短的养殖周期内便可以生长到可以食用的规格或上市规格；食性广，食物链短，饲料较易获得，饲料转化率高；性情温顺，不相互残伤或吞食同类，可与其他养殖鱼类或虾、蟹等进行混养；病害较少，可保证在人工养殖条件下具有较高的养殖成活率和商品率。

3. 对养殖水域适应性强

主要指的是养殖种类对养殖水体的水温、溶解氧、盐度、pH值、氨氮含量等的适应能力要强。我国幅员辽阔，可进行水产养殖的水域面积和种类也不尽相同，一般来讲，广温、广盐和耐低氧的种类养殖的区域范围广，受限制也少，特别是对低氧条件和高氨氮的耐受能力越强，表明该品种鱼可以进行越高密度的集约化养殖，这样无疑可以节省养殖水面，降低养殖成本，提高生产效益。

4. 苗种容易获得

鱼苗、鱼种来源和苗种质量的好坏是能否开展养殖和养殖成功与否的至关重要的前提。最好选用能够在自然养殖条件下自然繁殖或可以进行人工繁殖并且人工繁殖技术较为成熟的养殖种类。

二、目前主要养殖鱼类的生物学特征

我国目前池塘养殖的鱼类已接近100种，各地常规养殖鱼类也达20种以上，主要有青鱼、草鱼、鲢鱼、鳙鱼、鲤鱼、鲫鱼、团头鲂、黄鳝、泥鳅、鳜鱼、翘嘴红鲌、斑点叉尾鮰、罗非鱼等，熟悉和了解这些鱼类的生物学特征包括形态特征、食性、生长特性、繁殖习性等对进行高效养殖具有重要的意义。下面简单介绍几种常见的养殖鱼类的生物学特征。

（一）青鱼

1. 形态特征

青鱼（*Mylopharyngodon piceus*）在分类上属于鲤形目鲤科。青鱼体延长，略呈棒形，头稍尖，吻钝，口端位，弧形，上颌稍长于下颌，向后延伸至眼前缘下方，眼适中，位于头侧面的中部（图1-1）。背鳍3,7～8；臀鳍3,8；胸鳍1,16～17；腹鳍1,8。侧线鳞41～44。下咽齿4(5)/5(4)，臼状，齿表面光滑。体被较大的圆鳞。体呈青灰色，背部较深，腹部灰白色，各鳍均为黑色。最大的个体可达70千克。

2. 食性

青鱼是一种典型的肉食性鱼类，食性比较单纯，喜食软体动

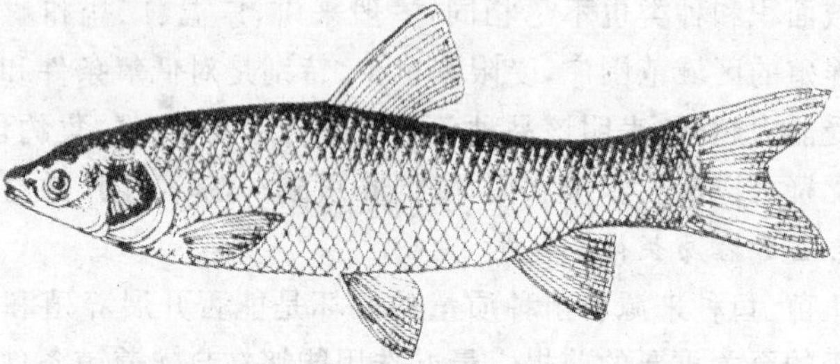

图 1-1 青鱼

物，在自然界主要摄食软体动物中的螺蛳（湖螺、椎实螺），也摄取蚬子、扁虫以及底栖动物如蜻蜓幼虫、摇蚊幼虫等。幼小的青鱼以摄食浮游动物中的枝角类为主。由于软体动物营底栖生活，青鱼为了觅食也成为近底层生活的鱼类。青鱼的下咽齿呈臼状，角质垫发达，适于压碎螺类、蚌、蚬等，其肠道也较短，约为体长的 1.2 倍。在人工养殖条件下，青鱼摄食螺、蚬以及用糠、麸、蚕蛹等配制的饲料。

3. 生长特性

青鱼生长速度较快，1 龄时可长至 0.5 千克，2 龄时可长至 2.5～3.0 千克。3 龄时生长速度最高，在良好的环境中可长至 6.5～7.5 千克。在进入性成熟的 5 龄后，生长速度明显减慢。

4. 繁殖习性

青鱼在自然水域中产卵分布较广，长江、淮河、珠江、钱塘江、黑龙江都有分布，其中以长江和珠江较多，规模最大。产卵场通常位于江面宽窄相间的江段，当江水上涨时，同一流量从较宽的江段进到比较狭窄的江段时，往往就自然地产生地段性流速增加，也就造就了青鱼产卵所要求的水流条件，自然地形成了青鱼良好的产卵场。青鱼产卵有一定的涨水和水温条件的要求，亲鱼在江水激流中迅速上升时进行产卵，产卵规模与涨水幅度成正比，涨水洪峰大，规模就大些。但与草鱼、鲢鱼、鳙鱼相比，其对涨水条件的要求最低，除涨水产卵外，平水和微退水时也能够产卵，但水温低于18℃时则不产卵。青鱼的初次性成熟年龄早晚不一，最早3龄，最晚为6龄，体重在15千克左右。雄鱼一般早一年成熟，规格稍小一些。集群到产卵场的青鱼产卵亲鱼，当大雨后江中水位上涨时便进行产卵。青鱼在平原河谷型产卵场一般在水下产卵，称"闷散"，雌、雄鱼相互追逐，激起浪花。体重34千克的青鱼怀卵量在330万粒左右。青鱼所产的卵属于"漂流性"卵，在流水层中漂浮，但在净水中则下沉。卵膜薄而透明，不具黏性，卵入水后吸水膨胀，卵径很快增大，达5～7毫米。受精卵一面随水流而漂浮，一面进行胚胎发育，如为静水则卵下沉而窒息死亡。刚出膜的仔鱼缺乏主动游泳能力，漂浮于水层中继续进行发育。胚胎发育时间的长短与水温有直接关系，最适水温为22～29℃，超过31℃或低于18℃或水温突然下降超过5℃时，胚胎发育就可能出现畸形而大量死亡。刚孵出的青鱼仔鱼6～7毫米，躯干部肌节数为27～28对。眼黄色素出现，眼下缘具一黑点，尾静脉粗大。孵出4～5天，鳔形成1室并充气，身体各部出现稀疏的黑色素，在脊索下的血管有一较浓密的黑色素，在鳔点处稍弯曲，俗称"青筋"。在尾静脉后方的鳍褶上出现一朵大的花状黑色素。孵出6～8天，自身卵黄全部吸收尽，长度已达8～9毫米。孵出11天左右，背鳍褶即行分化，尾鳍褶开始形成骨质鳍条，肠管为一直管。孵出3周左右体长18～24毫米，鳞片出现，奇鳍、偶鳍已初步形成。

5. 生活习性

青鱼喜栖息和活动在水的下层，通常不游到水的表层。青鱼生活在江河以及与江河相通的湖泊水库之中，与江河隔绝的湖泊、水库、池塘中没有青鱼的自然分布。4～10月份摄食季节常集中在江河弯道、沿江湖泊及附属水体中育肥。冬季在河床深水处越冬，生殖季节在江河中产卵。

(二)草鱼

1. 形态特征

草鱼(*Ctenopharyngodon idellus*)在分类上属于鲤形目鲤科。草鱼体延长,呈圆柱形或圆筒形,腹圆五棱,口端位,上颌稍突出于下颌。头中等大小而较宽。吻短而较圆(图 1-2)。背鳍 3,7;臀鳍 3,8。侧线鳞 35～42。下咽齿 2 行,一般为 2・5/4・2,齿侧呈梳状,齿冠有栉齿,两侧为锯齿状。体被较大的圆鳞。体呈茶黄色,背部青灰色,腹部银白色,各鳍均呈浅灰色。最大个体可达 30 千克。

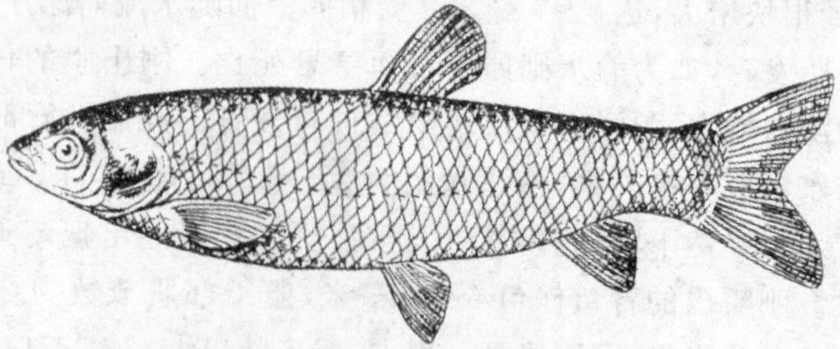

图 1-2 草鱼

2. 食性

草鱼的食性比较单纯,在自然界主要摄食高等水生植物,主要是吃草。其所食水草的种类随水体而异,一般来说,苦草、轮叶黑藻、小茨藻、眼子菜、浮萍、芜萍等都是其喜食的水草种类,有些生长在水边的旱草如黑麦草、苏丹草等也喜食。夏季涨大水后被淹没的长草的地区,往往就是草鱼的肥育地。草鱼是一种典型的草食性鱼类,因此肠管较长,一般为体长的 2.5 倍,这也是一种适应的结果。冬季草鱼基本停止或很少摄食,肠管中往往空无一物。幼小的草鱼则主要摄食动物性食料,体长长到 1 厘米以前的鱼苗主要摄食小型的浮游动物,此时肠管是直的而且很短,仅为体长的

0.5倍，随着生长，肠管渐渐增长，逐渐转为摄食轮虫、摇蚊幼虫、浮游的甲壳类，5厘米以上的幼鱼就逐渐变为食草性。草鱼食量较大，日摄食量甚至可以达到体重的40%～70%。在人工饲养条件下，也喜食用饼类、糠、麸、蚕蛹等配制的饲料。

3. 生长特性

草鱼为大型鱼类，生长迅速。1龄个体平均体长为34.5厘米，体重0.78千克；2龄个体平均体长为60厘米，体重3.5千克。在生长过程中，1～2龄个体体长增长较快，2～3龄个体体重增长最为迅速，到5龄以上，生长速度明显减慢。在池塘饲养条件下，1龄草鱼个体体重一般达30～100克，2龄个体体重250～500克，3龄个体可达1.5～2.5千克。

4. 繁殖习性

在自然水域中，草鱼产卵场，产卵、受精方式，仔鱼孵出、发育、成长为小鱼苗的情况及全过程与青鱼基本相似。雌草鱼一般4龄成熟，最小成熟年龄为3龄，体长67厘米左右，体重约5千克。草鱼在峡区产卵场多在水面产卵，称“浮排”。亲鱼有明显的激烈追逐发情现象，雄鱼常用头部冲撞雌鱼的腹部，行动极为迅速，有时甚至跃出水面，激起水花，有时雌、雄鱼尾部相交，持续达到1分钟左右。一尾12千克的草鱼，怀卵量为130多万粒。刚产出的卵其卵径为1.3～1.7毫米，吸水膨胀后的卵径为4～6毫米。在水温为19～21℃时，受精卵经35～40小时孵出仔鱼。刚孵出的仔鱼长度为6～7毫米，透明而无色，躯干部肌节数为28～30对；孵出后2～4天，体长达到7.5～8.5毫米，尾静脉显著，形成“红筋”；孵出后6天左右，鳔形成1室，椭圆形，靠近头部；孵出2周左右，体长12～14毫米，鳔形成2室，背鳍、臀鳍、尾鳍褶已明显分化并开始长出鳍条；孵化后25天左右，体长18～23毫米时，鳞片开始出现，奇鳍、偶鳍形成。

5. 生活习性

草鱼栖息于江河湖泊中，平时栖居活动于水的中、下层，觅食时也偶尔在水的上层活动。性情活泼，游泳快，通常在被水淹没的浅滩草地和泛水区域、干支流附属水体，如湖泊、小河、港道等小草丛生的水域摄食肥育。冬季在干流或湖泊的深水处越冬。生殖季节成熟的亲鱼有溯游习性，在适当的江段产卵，属半洄游性鱼类。

(三)鲢鱼

1. 形态特征

鲢鱼(*Hypophthalmichthys molitrix*)在分类上属于鲤形目鲤科。鲢鱼体侧扁，稍高(图 1-3)。腹部狭窄，腹呈刀口状，这种似刀口状的腹棱自胸鳍起直达肛门处。背鳍 3,7；臀鳍 3,20～26；胸鳍 1,13；腹鳍 1,8。侧线鳞 67～74。鳃耙 14～16。下咽齿 3 行。头大，约为体长的 1/4。眼较小，位于头侧中轴线之下。口较大，口裂略倾斜向上，下颌稍向上突起。鳃孔大，鳃盖膜较宽，鳃耙特化，彼此相互联合成海绵状的膜质片。

图 1-3 鲢鱼

2. 食性

鲢鱼是典型的滤食浮游生物的鱼类，具有特化的滤食器官，其鳃耙结构细密，微小的浮游植物不能随水滤出体外而成为食料。鲢鱼以各种硅藻、甲藻、金藻、黄藻等为主要食料，但许多绿藻、裸藻、蓝藻却难以消化利用，因为这些藻类的细胞壁外有一层胶被或纤维质壁，而鲢鱼又缺少消化它们的消化酶。鲢鱼的肠管在主要以摄食动物性食料的幼期也是较短的，不及其体长，以后才逐渐增加到体长的 10 倍左右。肠管在春、夏季充塞度很大，冬季减小到最低限度。鱼苗期开始时摄食浮游动物，如轮虫、无节幼虫、小型枝角类等。随着肠管的发育，鳃耙长出齿状突起，即开始摄食一些浮游植物，如硅藻、甲藻、金藻、黄藻等，但仍以浮游动物为主要食物。孵化后 20 天左右，鳃耙的间隙中生出薄膜，成为集聚藻类的滤食器，摄食也几乎全是浮游植物和植物的腐屑，很少摄食浮游动物。人工饲养鲢鱼通常以粪肥、绿肥为主，也可以适当投些糠、麸、糟等精料，以加速生长。

3. 生长特性

鲢鱼有较快的生长速度。体长的实际增长以 3～4 龄为最快，4 龄以后减慢；体重的实际增长以 3～6 龄为最快，3 龄的鲢鱼体重可达到 3～6 千克。江河、湖泊、水库、池塘中养殖的鲢鱼，其生长速度由于生活栖息、食物环境的不同而有一定的差异。

4. 繁殖习性

在天然水域中的产卵场和环境条件下，鲢鱼的繁殖与青鱼、草鱼基本相同。在长江流域的雌性鲢鱼一般在 4 龄性成熟，最小性成熟年龄为 3 龄，体长 65 厘米左右，体重约 5 千克。鲢鱼和草鱼一样，在峡区多在水面产卵，“浮排”时雌、雄亲鲢有明显的求偶现象。每尾鲢鱼雌鱼的重量在 11 千克时，其怀卵量在 200 万粒左右。卵为“漂流性”卵，浮动在流水层中，刚产出的卵卵径为 1.3～1.9 毫米，吸水膨胀后的卵径为 5 毫米左右。鲢鱼受精卵呈酪黄色，水温 20～23℃时 35 小时孵出仔鱼。刚孵出的仔鱼体长 6～7 毫米，躯干部肌节 25～26 对；孵出后 2～3 天，体长 7.0～7.5 毫米，头部出现较多的黄色素；孵出后 4～5 天，鳔形成 1 室，椭圆形，体长 8～9 毫米，此时鱼苗可作直线游动。

5.生活习性

鲢鱼喜爱生活在水的上层,性情活泼,能跳跃出水面,受惊扰时能四处跳跃。平时栖息于干流及其附属水域中摄食育肥。刚孵出不久的幼鲢鱼随水漂流时能主动游入河湾、湖泊中索饵觅食。产卵群体在4月中旬繁殖季节来临时开始集群,溯河洄游到产卵场产卵繁衍后代。产完卵后的鲢鱼亲鱼通常进入饵料较丰富的湖泊中摄食。冬季湖水变浅时,成熟个体又回到干流的河床深处越冬,未成熟个体大多就留在湖泊等附属水体的深水处越冬,冬季基本处于不活动的状态。

(四)鳙鱼

1.形态特征

鳙鱼(*Aristichthys nobilis*)在分类上属于鲤形目鲤科。鳙鱼体侧扁,稍高。腹棱自腹鳍基部起至肛门处为止(图1-4)。口端位,口裂稍向上倾斜。吻圆钝而宽阔。眼较小,位于下侧。头较肥大,故又有胖头鱼之称。下咽齿4/4,齿面光滑,无细纹和小沟。鳃耙数有较大的变化幅度,往往随个体增大而数量增多。鳃耙排列紧密,状如栅片而不愈合,有鳃上器。背鳍3,7;臀鳍3,11～13;胸鳍1,17～18;腹鳍1,7～8。侧线鳞99～115。鳃耙217～293。下咽齿1行。头部、背部为灰黑色,间有浅黄色,腹部银白色,身体两侧散

图1-4 鳙鱼

布着不规则的黑色斑点，故又有花鲢之称。最大的个体可长至 50 千克左右。

2. 食性

鳙鱼以浮游动物为主要饵料，辅以浮游植物。鳙鱼的鳃耙发达，排列密集，但不特化，这适应了主食浮游动物的特性。鳙鱼的食物主要是轮虫、甲壳动物的枝角类、桡足类，也包括多种藻类。鳙鱼和鲢鱼一样，是一种不断摄食的鱼类，只要鱼不断张嘴进行呼吸，食物就同时随水进入鳃腔。鳙鱼除摄食天然饵料外，在人工饲养的条件下喜食人工投喂的豆浆颗粒，也食豆渣、豆饼粉、菜籽饼粉、糖糟、麸皮、鱼粉、麦粉、米糠等人工饲料以及畜禽的粪便。

3. 生长特性

鳙鱼生长比鲢鱼生长稍快，体长的增长以 2 龄时最快，体重的增长则以 3 龄时最为迅速。在 4 龄前，雌、雄个体的生长速度没有什么差异，5 龄后雌鱼比雄鱼的体重增长快。

4. 繁殖习性

在自然水域中的产卵环境条件下，鳙鱼的繁殖行为与青鱼、草鱼、鲢鱼基本一样。雌鳙鱼一般 5 龄成熟，最小成熟年龄体长在 85 厘米左右，体重约 15 千克。鳙鱼和青鱼一样在平原河谷型产卵场的水下产卵，即以“闷散”形式进行。鳙鱼产卵场主要分布在长江的宜昌到道士袱江段。“闷散”时，亲鱼相互追逐，激起浪花。一尾 31 千克的鳙鱼，怀卵量在 340 万粒左右。刚产出的鳙鱼卵卵径为 1.5～2.0 毫米。鳙鱼受精卵卵膜透明，水温 19～21℃时，经 40 小时左右孵出仔鱼。刚孵出的仔鱼长 7～8 毫米，躯干部肌节 24～25 对；孵出后 2～3 天，全长 7.5～9.3 毫米，体侧出现稀疏而呈花状的黑色素，尾静脉细小，和青鱼、草鱼鱼苗的尾静脉有明显的不同；孵出后 4～6 天，鳔形成 1 室，体长达 8.1～10.0 毫米，卵黄尚未完全吸收尽，即开始摄食，多在江边近岸处顺水游动，常被水流带入通江小河和湖泊、河道里。

5. 生活习性

鳙鱼性情温顺，生活在水体的中上层，行动迟缓，易于捕捞。在天然水域，产卵后的亲鱼大多数进入沿江的通江湖泊中摄食育肥，冬季湖泊水位跌落变浅，它们就游入长江等干流的深水区越冬，翌年春暖时再上溯繁殖，属半洄游性鱼类；未成熟个体则喜欢栖息在附属水体内。

(五)团头鲂

1. 形态特征

团头鲂(*Megalobrama amblycephala*)在分类上属于鲤形目鲤科。团头鲂体略呈菱形，侧扁(图 1-5)。腹部自腹鳍基部至肛门有腹棱。头小，吻圆而钝，口较宽阔，上、下颌等长。体被较大的圆鳞。侧线位于体侧中部的略下方。鳔分三室，中室最大，呈圆形，后室最小。腹膜灰黑色，体的背侧灰黑色，腹部灰白色，各个鳍呈青灰色。背鳍 3，7；臀鳍 3，25～28；胸鳍 1，13～16；腹鳍 1，8。侧线鳞 49～58。下咽齿 3 行，2・4・5/5・4・2。

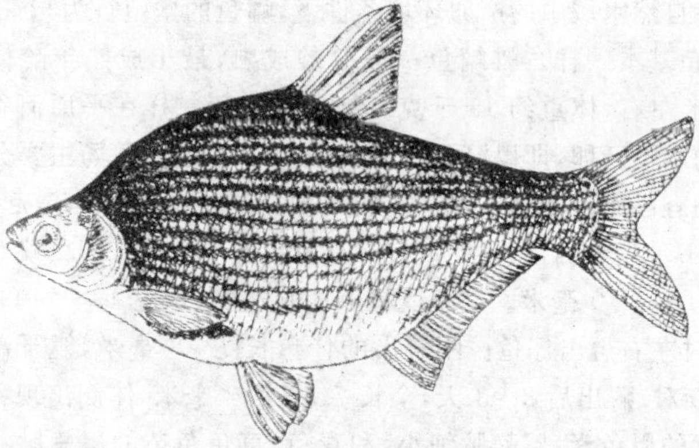

图 1-5　团头鲂

2. 食性

在自然界中团头鲂幼鱼的食物主要是甲壳动物、水生植物嫩叶等，成鱼的食物是水生植物如苦草、轮叶黑藻、菹草及湖底的植物碎屑等。在人工养殖条件下，幼鱼的食性与青鱼、草鱼、鲢鱼、鳙鱼等相同。幼鱼主要以浮游生物为食，随着鱼体长大，摄食水中轮虫等小型浮游动物及枝角类、桡足类。鱼体长到 2～3 厘米成为夏花鱼种时，转食芜萍、浮游动物及豆类等。夏花至春花鱼种阶段的食性与草鱼基本相同，但能很好地利用苦草、荇菜等水生植物。成鱼阶段食性较广，浮游生物、植物碎屑、水生昆虫、鱼、虾的碎屑都能摄食。投喂动物性、植物性饲料时均能摄取而生长良好。

3. 生长特性

团头鲂在自然水域中生长较快，1 龄鱼体长为 16.4 厘米，2 龄为 30.7 厘米，3 龄为 38.8 厘米。一般以 1～2 龄鱼生长最快，当年鱼的体长可达 12～23 厘米。在池塘养殖的条件下，当年鱼的平均体重 46 克，2 龄 900 克。当年鱼至 2 龄生长较快，增长幅度较大，3 龄后生长速度减慢。

4. 繁殖习性

团头鲂一般 2 龄时达到性成熟，其性成熟的最小个体，雌鱼重 0.45 千克，雄鱼 0.40 千克，生殖季节在 5～6 月份。在生殖季节内，性成熟的团头鲂雌、雄体上均有珠星出现。雄性个体珠星密布于眼眶、头顶部以及尾柄部位的鳞片上，雌性的珠星比较稀疏；雄性个体的胸鳍第一根鳍条变得肥厚，且略呈“S”形弯曲。团头鲂的怀卵量随年龄、个体大小而异，2～4 龄的怀卵量在 6.4 万～36.0 万粒之间。团头鲂产卵活动在夜间进行，一般水深为 1.0～1.5 米，水温为 20～28℃。产黏性卵，产卵场有生长茂密的水生维管束植物，水底为淤泥，或产于沙石滩的砾石上。

5. 生活习性

团头鲂生活于湖泊静水水体中，平时生活、栖息于底质为淤泥、长有沉水植物敞水区的中、下层，生殖季节群集于有水流的水域繁殖，冬季在深水的泥坑中越冬。

(六)尼罗罗非鱼

1. 形态特征

尼罗罗非鱼(*Tilapia nilotica*)在分类上属于鲈形目丽鱼科。外形和个体大小很像鲫鱼，鳍条多棘刺，有些像鳜鱼，体长方形、侧扁，吻钝尖，头大，口大、端位，上颌可伸缩。眼中等大小，眼间隔宽而隆起，鳃盖膜不与峡部相连，尾鳍截形或圆形(图 1-6)。体被圆鳞，侧线中断为两条，上侧线由鳃盖后缘上方延伸到背鳍后端附近，下侧线由臀鳍上方体中央后延，伸到中轴的后方；上侧线的鳞为20～25 枚，下侧线为 10～18 枚。背鳍基底甚长，具棘 16～17 枚，臀鳍有 3 棘，鳍条 8～11 枚，腹鳍 1 棘 5 鳍条。鱼体棕黑色带蓝绿色光泽，雄鱼色较暗，雌鱼较浅淡。鱼体两侧各具 8～10 条黑色横纹，尾鳍有 8～11 条明显的暗棕色条纹。背鳍、臀鳍均有黑色条纹。

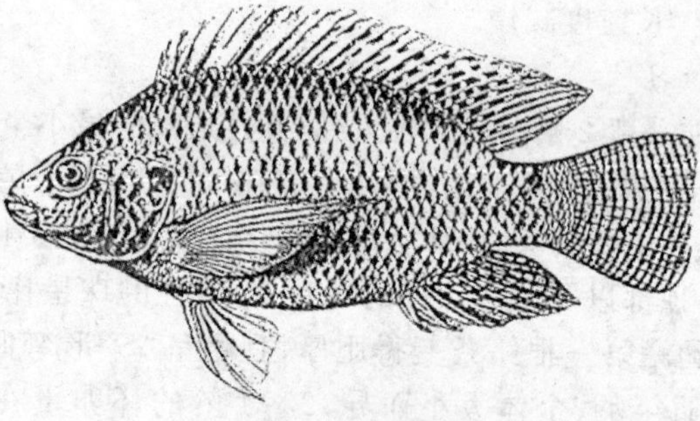

图 1-6 尼罗罗非鱼

2. 食性

尼罗罗非鱼是杂食性鱼类，很贪食，有时甚至会吞食幼鱼。幼鱼以动物性食料为主，摄食浮游动物、原生动物及小型甲壳类，也兼食硅藻类和其他单胞藻。体长达到 5 厘米以上时以植物性食料为主，食腐殖碎屑、浮游生物、丝状藻及高等水生植物的嫩枝叶，兼食浮游动物、小鱼、小虾及小型昆虫。人工饲养时可喂豆饼、花生饼、酒糟、鱼粉等。

3. 生长特性

尼罗罗非鱼生长迅速，从受精卵孵出的幼鱼，半个月就可离开母体而独立生活，孵出后 40 天体重可达 15～25 克，3 个月达到 60～80 克，8 个月达到 160～250 克。雄鱼生长速度比雌鱼快，开始繁殖后差别更大，雄鱼可比雌鱼重 40%。

4. 繁殖习性

尼罗罗非鱼在 5～6 月龄时即可达到性成熟阶段，怀卵量为 100～650 粒，繁殖周期为 30～50 天。我国南方地区如广东、广西、福建等地每年 4 月底至 5 月初开始繁殖，每年繁殖 5～6 次，繁殖水温在 30～36℃。尼罗罗非鱼产卵行为比较特别，产卵前，性成熟的雄鱼离开群体，找到一个合适的地方筑穴。穴建成后，雄鱼守在穴边，如有雌鱼游近，即拦截入穴。雌鱼若已成熟，则生殖处红润稍下垂，并立即在穴内产卵，这时雄鱼同时游入穴内排精。雌鱼产卵后立即将卵含于口中，然后将精液吸入口内，作咀嚼动作，在口内使卵受精。此动作重复 2～3 次，使卵充分受精，受精率可达 95%。雌鱼口中所含的受精卵经 3～5 天孵出仔鱼并留在雌鱼的口腔中，经过 10～14 天，幼鱼卵黄囊完全消失后离开母体。幼鱼离开母体以后集群活动，在遇到敌害时，雌鱼能迅速地将全部鱼苗含入口中，并将敌害驱逐开，随后再将口腔中的幼鱼吐出，经过 5 天左右，幼鱼全部离开母体而独立生活。

5. 生活习性

尼罗罗非鱼是一种广盐性鱼类，可以在淡水、咸淡水和盐度高达 40‰～49‰的海水中生长。耐高温而不耐低温，适应水温 12～40℃，如人工控制逐渐降温，亦能在 9～10℃的水中越冬。尼罗罗非鱼为底层鱼类，一般栖息于底层，活动的水层昼夜不同，白天在水层的中、上层活动，中午接近上层水面，下午在中、下水层内活动，夜间至翌日天亮前在池底不动或很少活动。

（七）鳜鱼

1. 形态特征

鳜鱼（*Siniperca chuatsi*）在分类上属于鲈形目鳜属，是我国淡水鱼中的名贵种类。体侧扁，呈纺锤形，背部明显隆起。口大、端位，能伸缩，下颌稍稍突出（图 1-7）。上、下颌上均长着绒毛状小齿，前部的小齿扩大呈犬牙状。体被小圆鳞，背鳍Ⅻ-13～15；腹鳍Ⅰ-5；臀鳍Ⅲ-9～11；胸鳍 15～16；尾鳍近圆形。侧线鳞 120～140。幽门盲囊 142～420。体背侧面灰褐色、青黄色，腹部白色；身体两侧有不规则的暗棕色斑点及斑块，在背鳍的下方有一条较宽的暗棕色垂带纹，奇鳍上有暗棕色的斑点连成带纹。

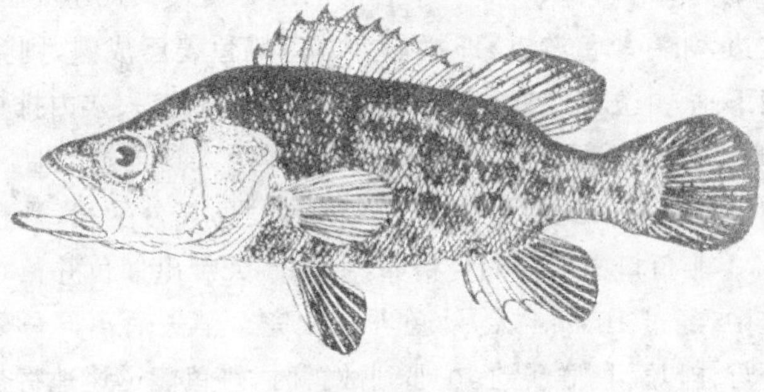

图 1-7　鳜鱼

2. 食性

鳜鱼是典型的肉食性凶猛鱼类，与其他多数肉食性凶猛鱼类不同，一生主要以活食特别是活鱼为食，常常追捕其他鱼类，还有同类相残、相互吞食的现象。鳜鱼鱼苗经孵化、卵黄囊消失后就转入到主动摄食阶段，就能吞食其他鱼苗。体长 7 厘米时就能捕食相当于本身体长一半即 3.5 厘米的鱼苗，体长 25 厘米以上时以鲤鱼、鲫鱼等为食，冬季一般停止摄食。

3. 生长特性

由于生性凶猛，摄食量大，鳜鱼生长速度较快。1 龄鱼体重可达 119 克，2 龄鱼达 300 克，3 龄鱼达 812 克，4 龄则可达到 1 520 克以上。到 4 龄以后，生长速度减缓。天然水域中最大的个体可达 10 千克。在人工饲养条件下，如果饲料充足，生长速度较快，当年可达 100 克，第 2 年达 400～500 克，第 3 年就可达 1 000～1 500 克。

4. 繁殖习性

鳜鱼初次性成熟年龄因地区不同而异，如我国的中部华中地区为 1 龄，华北地区为 2 龄，黑龙江流域为 3 龄。性成熟的最小个体为 80～130 克，怀卵量从数万粒到数十万粒不等，一般为 1 万～10 万粒。鳜鱼在江河、湖泊、水库中都能产卵繁殖，产卵期为 4～8 月份。一般在雨天或一定的流水环境中完成产卵。产卵前亲鱼在水面来回游动，汛期来到时便成群结队到支流的浅滩或较浅处的水草中产卵，通常都在夜间进行。产卵水温在 30℃左右，亲鱼产卵后即分散到各处活动和觅食。受精卵浮性或半浮性，卵径1.1～1.37 毫米，吸水后膨胀到 1.9～2.1 毫米。刚出膜的鱼苗全长 3.8～4.5 毫米，身体前部腹下有一个 1.5 毫米长的卵黄囊，这样的仔鱼只能作上下垂直的间歇性活动，不动时卧于水底。48～60 小时后即能进行水平运动，并开始摄食，此时的鱼苗体长 5 毫米左右，但已经能够吞食比其自身还长的 6～7 毫米的其他鱼苗。

5. 生活习性

鳜鱼为暖水性中上层鱼类，喜栖息于静水或缓慢流动的水层中，特别喜欢栖息于水草茂盛的湖泊中。在夏、秋两季，活动频繁，白天潜伏在洞穴中，夜间在水草丛中觅食。在冬季水温降至7℃以下时就不大活动，常钻到深水处越冬，待到春季水温回升以后，游至沿岸浅水处摄食。不喜欢群居。幼鱼常在沿岸水草丛中栖息活动。鳜鱼有钻洞习性，渔民可用“踩鳜鱼”方法捕捉。

（八）鲫鱼

1．形态特征

鲫鱼（*Carassius auratus*）在分类上属于鲤形目鲤科。体侧扁，厚而高，腹部圆。头小，眼大，口端位，上、下颌等长（图1-8）。鳃孔大，鳃盖膜与峡部相连，鳃耙细长，排列紧密。咽齿一行4/4，齿体侧扁。体被较大的圆鳞，侧线鳞28～31。背鳍和臀鳍都具有硬棘，后缘呈锯齿形；背鳍3，16～18；臀鳍3，5～6；胸鳍1，14～15；腹鳍1，8。体色背部呈灰黑色，腹部灰白色，各鳍呈灰色。最大的个体可达1.5千克。

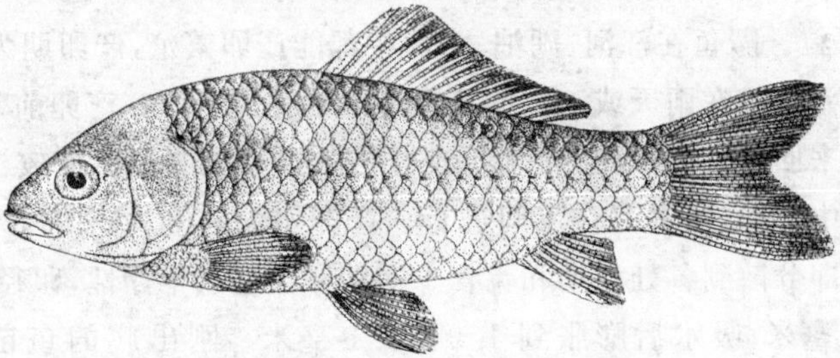

图1-8　鲫鱼

2．食性

鲫鱼属杂食性鱼类。肠管长为体长的2～3倍，最长可达到5倍。其食物中动物性的有桡足类、枝角类、轮虫、苔藓虫、扁螺、椎实螺、淡水壳菜、摇蚊幼虫、水蚯蚓、虾等，植物性的有植物碎片、硅藻、纺锤藻、水绵、轮叶黑藻、苦草等以及一些高等植物的种子。在肠管中出现最多的是植物碎片。鲫鱼摄食无明显的季节性变化，但在其生长的不同阶段有明显的不同。体长1～5厘米时，以藻类为主，其次是浮游动物；体长5～10厘米时，除浮游生物外，还有高等植物的幼芽嫩叶；体长10～15厘米时，高等植物的数量显著增多；体长超过15厘米的鲫鱼以底栖动物为主要的食物。在人工饲养条件下，能摄食各种各样的商品饲料，如黄豆饼、菜籽饼等。

3.生长特性

鲫鱼生长缓慢，个体不大，常见个体体重在0.1～0.25千克，大的可达1.5千克左右。1龄鱼体长8～9厘米；2龄体长11～13厘米；3龄体长18厘米左右，体重0.20～0.25千克；3龄以后开始生长缓慢。

4.繁殖习性

鲫鱼在江河和湖泊、水库中都能产卵繁殖。长江流域的鲫鱼一般1龄以上达到性成熟，珠江流域的鲫鱼通常1龄便达到性成熟，而黑龙江流域的鲫鱼在3～4龄时成熟。鲫鱼的产卵季节随生长地区、地域纬度不同而异。珠江流域产卵季节1～3月，2～3月为产卵盛期；长江流域产卵季节为3～5月，4～5月为盛期；黑龙江流域5月开始至7月。鲫鱼在江河、湖泊、水库、池塘的岸边浅水处有杂草或小草等附着物的地方产卵，时间多在清晨开始，延续到上午8:00～9:00，有时会到下午。发情时2～3尾雄鱼追逐1尾雌鱼，雄鱼不断冲撞雌鱼腹部或互相摩擦。发情达到高峰时，雌、雄鱼追逐激烈，尾部不时拍击水面而产生浪花，雌、雄鱼分别向水草、杂草或其他附着物上产卵、排精。鲫鱼为分批产卵的鱼类，第一次产卵后，当年还可能再次产卵。鲫鱼的怀卵量随年龄和体长的增长而增加。1龄鱼为4 000～5 000粒，2龄鱼为1万～2.8万粒，3龄鱼为1万～6万粒，4龄鱼为6.9万～7.8万粒，5龄鱼为9.3万～11.6万粒。鲫鱼生长环境的好坏，体长、体重的大小与怀卵量有密切的关系，同一年龄组内，鲫鱼的体长越长，怀卵量就越大。如2龄鲫鱼同一年龄组中，体长12厘米的雌鱼怀卵量为1.2万粒，体长14.8厘米的为2.6万粒，体长16厘米的为2.8万粒。卵黏性，淡黄色，稍透明，吸水后卵径1.4～1.5毫米。水温17～19℃时，受精卵经4昼夜孵出仔鱼。仔鱼体长在4.9毫米左右，头部及卵黄囊的前部为淡黄色，散布有黑色素，此时鱼苗头部向上垂直挂在附着物上，处于静止状态。孵化后8昼夜时，体长6.8毫米，鳔2室，卵黄囊消失，喜游动，开始自行觅食。

5. 生活习性

鲫鱼的适应性较强，在深、浅水，清、浊水，静、流水中都能生活，喜欢生活于水草丛生的浅水河湾、湖汊中。生命力强，对各种较差的水体也能适应。

三、小结

总的来说，池塘养鱼要因地制宜，因时制宜，根据所在地区的环境、气候、水质及市场等合理地选择要养殖的鱼的种类。目前常规养殖品种的市场价格持续低迷，这严重影响了水产养殖业者的养殖积极性。选好、引进好一个养殖种类，往往是养殖生产成功的先决条件，甚至在一个地区政府部门的带动鼓励下可以形成一个新的经济增长点，带动一个新的产业，给当地的经济特别是水产业带来新的活力。下面的章节里将对从池塘养鱼的特点开始到病害防治等目前常规的各个养殖程序（图1-9）进行简单的介绍。

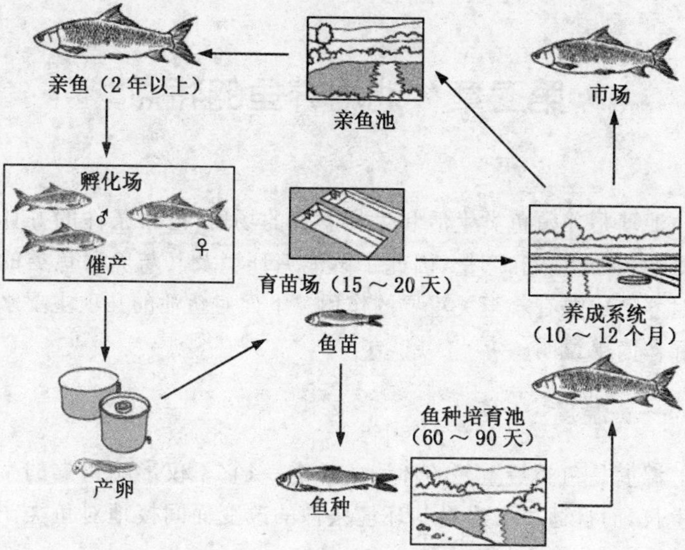

图 1-9　池塘养鱼周期示意图

第二章　池塘养鱼的特点

池塘是养殖鱼类生活和生长发育的场所，池塘条件的好坏直接影响鱼的生长和产量，因此了解池塘环境及其与养殖鱼类的关系对养殖成败有着至关重要的作用。下面对鱼池的几项主要水质指标作简单说明。

一、温度

温度是鱼类最重要的环境条件之一，它不仅影响鱼类的生存和生长，而且通过水温对其环境条件的改变而间接地对鱼类产生作用。

1. 温度对鱼类的影响

所有的养殖鱼类都是变温动物，体温随水温的变化而变动，温度的变化对其可以造成多方面的影响。在适宜温度内，随着水温的升高鱼类的代谢相应加速，摄食增加，生长加快，但温度的剧烈变化则会导致鱼类新陈代谢改变、渗透压调节不当、免疫系统功能下降等，严重的可能导致鱼类死亡。温度对鱼类的性腺发育和成熟也有显著影响，温度升高加速性腺发育成熟的过程，从而促使亲鱼提早成熟和产卵。反之，温度降低则会减慢鱼类的生长和性腺的成熟。

温度会影响池塘中的溶氧量，水的饱和溶解氧含量以及溶氧速度与水温成反比，即水温越低，饱和溶氧越高，溶氧速度越快。而鱼类的耗氧率却随着温度的升高而加快，结果导致鱼类排泄物增加，水体中微生物分解速度加快，易造成水体缺氧。

2. 池塘水温的控制

池塘水深应根据季节调节，以控制水温。春季水温较低，池塘保持较浅水位，可通过阳光照射，短时间提高水温；盛夏季节温度较高，通过加深水位可防止水温过高，保持在鱼类的适宜范围内。

如引用温度较低的溪、泉水和地下水养殖温水性鱼类，应在入池前先提高水温至与池水温度一致。

冬季可在越冬池北面搭建防风设施，条件允许的可以建塑料薄膜大棚或玻璃温室给鱼类保温，也可采用增暖设施给鱼池加温，使其安全过冬。

二、光照及透明度

光照对鱼类的直接影响，主要与鱼的繁殖有关。光照时间的长短直接影响鱼类性腺的发育和成熟，改变日照时间的长短可改变鱼类性成熟的时间和速度。另外，光照通过对池塘中初级生产力——浮游植物生产量的影响，对池塘鱼类产生影响。

透明度的高低主要取决于水中浮游生物和有机碎屑的多少，一般肥水池塘的透明度在 25～40 厘米。透明度小于 25 厘米或大于 40 厘米表示池水过肥或过瘦，均不利于鱼类生长。

三、溶解氧

(1)溶解氧对鱼类的影响　溶解氧是指水体中的含氧量，记作 DO，用每升水中所含氧气的毫克数（毫克/升）表示。水中溶解氧的多少是衡量水体自净能力的一个重要指标，跟空气中氧气的分压、水温、水质都有关系。养殖水体中溶解氧的含量一般应在 5～8 毫克/升，缺氧时鱼类会集中在表层水活动，当溶解氧低于 2 毫克/升时鱼大量浮头，低至 0.6～0.8 毫克/升开始窒息死亡。一般情况下溶解氧过饱和没什么危害。

(2)池塘溶解氧的变化　由于浮游植物的光合作用，池塘水中白天溶解氧量高，下午水中溶解氧常常过饱和，夜间浮游植物光合作用停止，池塘中只进行各种生物的呼吸耗氧，使水中溶解氧量大减，至黎明前降到最低。池塘中白天浮游植物大部分集中在上层水中进行光合作用，因此上层水溶氧迅速增加，到日落前溶氧一直处于较高水平，下层水则无空气溶入，光合作用产氧量少，主要靠上层补给。由于热阻力影响，白天上、下层水不对流，故日出至日落前，上、下层水的溶氧量差别逐渐增大；日落后，表层水温下降，上、下层水对流，使得上、下层水溶氧达到平衡。另外，晴天溶氧高而雨天溶氧低。

(3)溶解氧的调节　保持池塘良好的日照条件和通风条件。适当扩大池塘养殖面积，以利于风浪增氧，保持适当的水深，利于上、下水层对流。有机肥发酵后施用，合理施无机肥，特别是磷肥，以改善池水氮、磷比例。及时添加新水，合理使用增氧机或拉网，在中午开增氧机或拉网使池中上、下水层溶氧交换，促使底层中有机物氧化分解。根据鱼类的生长状况及时轮捕轮放，每年清除池底过多淤泥。

四、酸碱度(pH 值)

(1)pH 值对鱼类生长的影响　pH 值表示水的酸碱度，其变化反映水中离解的氢离子浓度，过高、过低对水生生物都不利。鱼类生长的安全 pH 值范围为 6.5～8.5，大部分鱼类苗种培育阶段的最适范围为 7.5～8，成鱼最适范围为 6.5～7.5。测定 pH 值最简单的方法是用 pH 试纸，将试纸浸入水中 2～3 秒后取出，与所附的酸碱度色谱对照可知水中的酸碱度。

(2)pH 值的调节　pH 值偏低时，可用生石灰进行改良。在放鱼前用生石灰清塘，每亩 50～150 千克，把生石灰加水溶化泼洒。放鱼后也要经常注意 pH 值的变化，发现 pH 值偏低时可按每亩 5～15 千克生石灰用量使用，使池水经常保持微碱性。

五、有机物质

鱼池中有机物质主要来自于饲养过程中的投饲和施用农家肥,鱼类和其他水生生物的粪便、排泄物和死亡的生物尸体。水体中的有机物质以溶解、胶状或固体状态存在于水中。

(1)有机物质对养殖的影响　水中的有机物质主要包括糖类、有机酸、氨基酸和蛋白质等,是水中营养盐的重要来源,是浮游生物的营养物,通过絮凝作用,可形成较大的有机颗粒,被浮游动物和滤食性鱼类及鱼苗摄食。有机物的含量是池塘水质肥瘦程度的重要指标。但有机物质在氧化分解过程中需消耗大量的氧,所以如果有机物质过多的话,容易恶化水质,并引起鱼病,因此水体中的有机物质不是越多越好。目前,由于池塘养鱼日益向高密度精养方向发展,池水受鱼类粪便、排泄物、残饵等有机物质的污染越来越严重,成为阻碍鱼类生长和提高产量的主要因素之一。

(2)有机物质的控制　掌握合理的投饲、施肥数量和方法,适时注换新水,投放光合细菌,合理使用增氧机是目前控制水体中有机物质的主要方法。

养殖池塘中各种水质因子不是单独的养殖影响因素,而是相互影响、相互制约的,在养殖中需要全面考虑,只有各种水质因子都处于较好的水平,养殖才能够顺利地进行。

第三章　鱼池的建造

池塘是养殖鱼栖息、生长、繁殖的环境，许多增产措施都是通过池塘水环境作用于鱼类，故池塘环境条件的好坏直接关系到鱼产量的高低。池塘条件包括池塘位置、水源和水质、面积、水深、土质以及形状与周围环境等。在条件允许的情况下，应尽量建立适宜的养殖环境以提高池塘鱼的产量。

一、场址的选择

水源充沛、水质良好，土质适宜和地势适当是建造鱼池的三大要素，此外，良好的交通条件和饲料来源也是必不可少的条件。

(1)水源充沛，水质良好　因为在整个养鱼期间用水量大，水源一定要丰足，不论丰水期、枯水期都要能满足池塘的最大用水量。江河、湖泊、泉水或地下水，只要水质适合养鱼，水量充足，均可用做水源，最好在河流、湖泊、水库的附近开挖或建造养鱼池塘。水质要求对鱼无毒无害，附近无工农业污水的排放，重金属离子浓度不超过国家的规定。

(2)土质适宜　建场地点的土质要求能保证所建的鱼池不漏水，挖池取用的土适于建造堤坝，不会渗漏坍塌。壤土建池最好，其透水性和保水性都适度，用于筑堤时，其凝聚力及坚强度都适合。其次是黏土，保水性强，但透气性较差，干燥后易形成龟裂。沙土最差，不经过改造不能用来建鱼池。另外，土壤中所含的化学成分对池塘养鱼也有一定的影响。

(3)地势适当　养鱼场的地势、地形对养鱼及各种操作的影响较大。地势较低的低洼地容易被洪水淹没，高坡地在天旱时又会产生断水源的危险，凹凸不平的地势会造成交通、操作不方便，比较理想的地势是高度适中、地势平坦开阔，如在江河、湖泊的附近、水库大坝下的平坦地区建池，进、排水都可自流，既节省劳动力，操作又方便。

(4)交通方便　养鱼场经常要有大量养鱼物资的运进和产品的运出，因此，建造地点不能选交通条件不好、距供销地区过远的地方。

此外，电源和饲料的问题也一定要考虑进去。养鱼场的水泵、饲料机、增氧机等动力设备必须用电，电源等设备的建设尽量可以就近取材，节省投资成本，饲料来源如能就地取材，从邻近的江河、湖泊等水体中获得天然的饵料对生产将是很大的节省。

二、养鱼场的勘察

养鱼场场址选定后，在进行设计之前必须进行实地勘察，在实地尽可能详细和充分地搜集该养鱼场周围的相关自然条件的基础资料等，力求对即将进行建设的养鱼场的环境了解和掌握得细致，条件许可时，还可以组织有关专家进行可行性研究和论证，广泛征求意见，求得最佳建设方案。

(1)地形测量　建造鱼池的第一步工作，是对所使用的全部土地进行全面的地形测量，绘制地形平面图和纵横断面图，根据平面图上的地形、水源、地势和交通情况，进行仔细的分析研究。也可根据已有的测绘图进行比较和完善，然后从节省成本和方便管理等原则出发，设计全面的方案。

(2)水文资料调查　调查、研究和分析当地最近几年的水文资料也非常重要，如临近江河、湖泊和水库等的最高水位、最大洪水情况，是否有洪峰，降雨量如何，是否有台风等，便于配置相应的排洪设施及制订对抗方案。

(3)气候、气象资料调查　调查、了解、掌握养鱼场地区全年温度变化情况和降水等资料，对确定放养的鱼的种类有较大的参考价值。

(4)土质资料的调查　了解建造养鱼场地区的土质、土壤成分，测定土壤的保水情况、地下水位的标高等，对合理建造鱼池极其重要。

三、规划与设计

在规划和设计鱼池时不仅要确定好当前的任务和规模，还应该提出切实可行的远景规划。

(一)规划的原则

鱼池规模大小应根据生产需要和资金能力及场地大小而定，规划的范围应根据当地的自然条件，考虑围绕养鱼生产，可以兼营其他相关的副业，如畜、禽、果、蔬等。

(二)设计的原则

建场过程应始终坚持保质保量为主、绝不浪费的原则。除了考虑节省材料、劳动力和方便施工外，还应根据养鱼场特点考虑：布局合理，便于生产管理和操作，减轻劳动强度，提高工作效率；全面规划，要为以渔为主开展综合经营创造条件；注意利用地形，做到合理分配土方，减少填挖，缩短运距；还要因地制宜地尽量利用当地的建筑材料，节省时间和运输费用。

(三)全面布局

养鱼场的总体设计要根据建筑物之间的关系，全面合理地安排好建筑物的位置。

(1)场房位置　场房是养鱼场的行政、生产管理和职工生活的地方，一般实验室也与场房安排在一起。要尽可能居中，便于通往各个点。

(2)亲鱼池位置　亲鱼是养鱼场生产的基础，亲鱼的养殖必须精心细致，需要很多的人力，所以亲鱼池应建在场房的附近。

(3)产卵池、孵化池位置　产卵池和孵化池位置应靠在一起，而且应临近亲鱼池的一侧，方便亲鱼的搬运，不影响其顺利地产卵、受精和孵化。更应该接近场房，以便昼夜值班，精心管理。

(4)鱼苗池位置　鱼苗池应接近孵化池，鱼种池围绕着鱼苗池，外围为成鱼池。这样使得在鱼苗下池、苗种出塘分养过程中搬运、转池等都比较方便、省时省力。

(5)试验池位置　安排在办公室、场房附近，便于进行试验及各种操作。

(6)蓄水池位置　蓄水池应建在养鱼场的最高点，这样水源才能自流灌注。

图 3-1 为一养殖场的平面图，可供参考。

(四)鱼池设计

我国的鱼池大多采用半挖半堆的方式，用土围成长方形的蓄水池，长宽比一般为 2∶1 或 3∶2，东西向长于南北向，以利于充分利用太阳光照。

1. 池塘规格

鱼池的大小应根据具体养殖对象的生活习性及生产规模而定，而且要便于生产管理。

(1)蓄水池、沉淀池、过滤池、晒水池等　这些池子建造的目的都是为了水质处理、储备，保证产卵孵化、补充用水等，可以合为一个池子，建好过滤设施就可以了。池子一般较深，为 4～5 米，面积则据全场需要而定。

(2)成鱼池、亲鱼池、后备亲鱼池　这类池子都是用来养殖大鱼的，所以应该有较宽敞而开阔的水面，面积以 3～5 亩为宜，池深以 3～3.5 米为好。后备亲鱼是从成鱼中挑选出来的，所以可用成鱼池作为后备亲鱼池，不必另建。

A 为孵化环道，B 为收卵池，C 为场房，—— 为进水管，----- 为排水管，鱼种池周围全是成鱼池

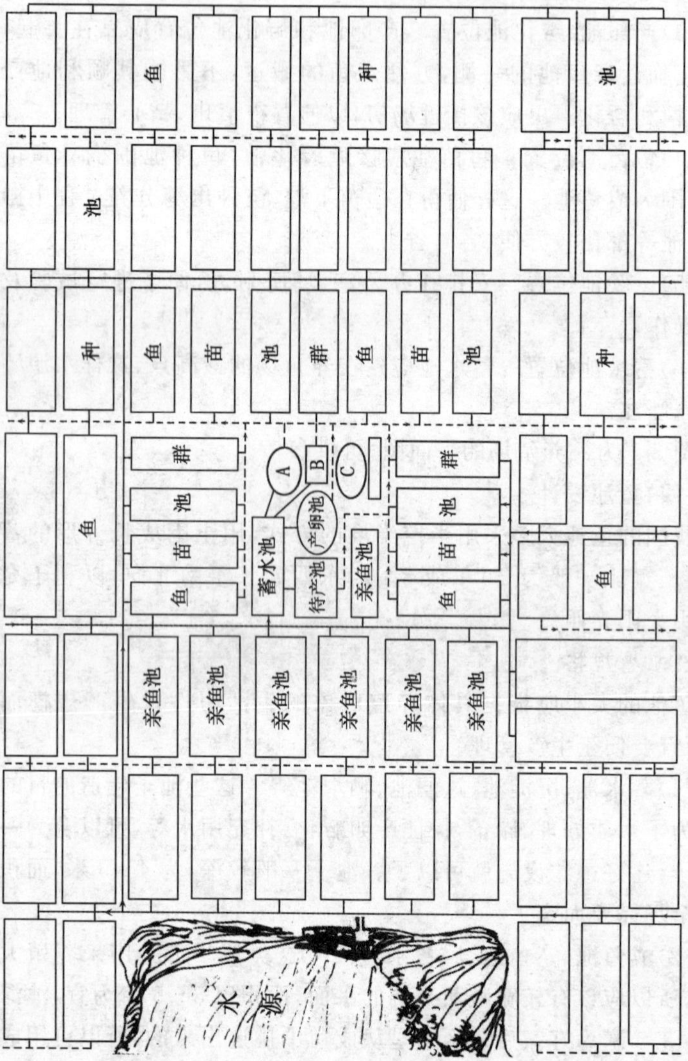

图 3-1　某大型养殖场平面设计图

(3)鱼种池　面积一般为2～5亩，池深2.5～3.0米，水深2～2.5米。

(4)鱼苗池　面积通常为1～3亩，池深1.5～2.0米，水深1.0～1.5米。鱼苗池在催产季节可作为亲鱼暂养池用。

2.鱼池的结构

鱼池的结构基本上大同小异，都是由周围的堤坝和池底构成的。池形长方形，长宽比为2∶1或3∶2，大池的长度可适当加长。同类鱼池宽度、长度应该统一，这样可以减少网具配备数量，减少许多麻烦。

(1)堤坝　鱼池堤坝是小型坝，高度一般在10米以内，堤坝顶面的宽度和坡度则按照堤坝的功用以及土质的不同而异。通行的汽车堤，面宽应为4～6米；防洪波堤，宽应为4～5米，并且应该用草皮或石块、水泥拥坡，以防风浪冲刷、侵袭，坡度则应以1∶2为宜；一般的堤面，宽度为3～4米，坡度为1∶1.5。如土质较差，需特别标明坡度的大小、清基深度和心墙结构。

(2)池底　池底要建造平坦，注水一侧向排水一侧的池底要稍有倾斜，比降通常在1/300～1/200之间。从堤脚线向池中央也应有一个渐深的坡度，排水口处为池子的最深点，这样的池底坡度非常便于排水和捕捞池鱼。

3.进、排水系统的设计

进、排水系统的设计方案要充分考虑到地形的特点，尽可能地利用自然条件，使养鱼池中的水由于高度的不同达到自流和自排。具体的要求就是进水口水源要高出鱼池的水面，而排水口要低于鱼池的池底，如果能够选择到这样的地势，那么建造进、排水系统时就可大大地节省设施和施工工程费用。为预防鱼病蔓延传染，亲鱼因缺氧、不能及时换水而死亡等，应修建独立的进、排水系统，不能进、排兼用，更不能池塘之间互通。进、排水系统主要包括进水渠、排水渠及其附属建筑设施，如渡槽，涵管，跌水，进、排水闸门等。

(1)进水渠　进水渠分总渠、干渠和支渠。其流量应保证在规定时间内满足需要供给的水量。

每条渠道应该达到的流量的计算公式为：

$$流量(米^3/秒)=\frac{所灌鱼池总面积(米^2)\times 平均水深(米)}{规定注水天数\times 每天注水小时数\times 3\ 600(秒)}$$

(2)进水闸　进水闸通常采用槽式或涵管式，用砖、石、水泥砌成。闸口要根据池塘大小决定，依据是保证在预定的时间内进入足够的水量。闸口下到池底用水泥、片石护坡。

(3)排水渠　设计原则与进水渠相同。其高度应深于池底30厘米以上。排水量的计算公式为：

$$流量(米^3/秒)=\frac{集洪面积(米^2)\times 25年内最大暴雨量(米)}{3\ 600(秒)}\times 径流系数$$

(4)排水闸　一般采用梯级式排水闸，其最大优点是开关便利。闸口大小应以1～2天内完全排干为宜。

(5)明渠与暗渠　进、排水采用明渠、暗渠或明渠暗渠两者相结合，各养殖场可因地制宜。明渠建造简单，工程量较小，用料少，检修方便，但占地面积较大，并妨碍车辆的通行。暗渠一般埋设涵渠，其优点是占地少，不妨碍交通，能免除冰冻，渗漏水较少，但检修不便。建暗渠时，每隔一段距离应建一个阴井，以便于检修。

四、养鱼场施工步骤和方法

养鱼场建设工程的施工项目有开挖鱼池，建池堤，建进水、排水渠，建水闸、泵房、场房等设施。为了保证施工的质量和工程按期完成，施工前要做好充分的准备，安排工程人员在现场管理，掌握实际进程，监督、检查施工质量等。

(1)绘制好施工的平面图　养鱼场总体平面设计图表明养鱼

场建成后的外形平面，每一线条组成的鱼池平面，也是建成后的堤面线，不能作为施工时的取土标志。但是可根据总体平面图、各堤埂所处位置的地形高度和堤埂坡度，通过计算而绘制出施工平面图来。施工平面图上必须标明各池取土线（即坡脚线）、堤面中心线，断面图需标明各鱼池取土深度和堤埂填土的高度。

（2）地面放线　根据地形测量时的标准桩放出与平面图相对应的中心线，用皮尺在中心线量出各鱼池堤面的中心点，钉上木桩，要重复检查，使地面各个桩与图纸一致。用经纬仪根据中心线上各木桩中心再画出各鱼池堤面中心线，并进行反复校对，使其与设计图纸完全相符。以各鱼池堤面中心线为基础，再画出各池塘的取土线，钉上脚桩。打桩时要注意，各鱼池的固定桩往往因施工被土埋没而无法查证，因此要在施工的外围打几个标准桩，以便在施工过程中随时进行校对。在堤埂两端用小竹竿、绳子搭成堤埂面样架。新填土方有较大的沉陷率，因此样架要比设计高度高10%。

（3）清基　施工场地必须事先进行清理，将场地上的树根、芦柴、草皮等杂物清除掉，防止将来鱼池漏水。在清理旧沟、塘内的淤泥前，要排干积水，曝晒数天，使淤泥干硬，以便于开挖。

（4）埋设进、排水管道　在进土之前要将各鱼池的进、排水管道埋设好，以免堤埂建成后再返工埋管。

（5）填土夯实　从取土线开始斜线挖土，土方倒入堤基内，土层每填30～40厘米的厚度时，打一次夯，并安排专人整平，土块太大时要敲碎、夯实，土层不能有缝隙，以防渗漏水。

（6）分配土方　鱼池土方的挖方和填方要平衡，各鱼池的土方分配也要平衡，在施工、挖方过程中，以最近距离进土为原则。但是，有时由于地形高程的差异需要远距离运土，这时施工人员就要按照设计图纸指定的位置指挥进土，合理分配土方。应该随时用仪器校正堤埂方向和高程，使之与设计一致。

(7)坡度修整和池底平整　鱼池土方工程将完成时，要进行堤埂坡度的修整。在修整前，用经纬仪以池外标准的桩点为基础，画出各鱼池相应的堤面线，并以堤面线为依据，按标准修整坡度和平台，再用水准仪根据设计标准修整堤面高度。用水准仪设计高程和比降测试池底，并进行池底平整。

(8)养鱼场的验收　一个合格养鱼场的验收应由建设、设计、施工单位共同进行逐项检查，主要包括地形、堤埂、渠道等工程是否符合要求，工程质量是否达到设计标准等。

五、原有老池塘的改造

(1)小塘改大塘　将原有的小池塘拆埂并塘，扩大成5～10亩的鱼池。

(2)浅塘改深塘　将原来较浅的池塘挖深，使水深达2～3米。

(3)死水塘改活水塘　将低埂改高埂，池埂加高、加宽，以防洪防汛，做到大水不淹，同时利于操作和交通。要防止漏水，在池底铺黏土或壤土40～50厘米，如池边也渗漏严重，还应当加30～40厘米的黏土或壤土贴边。铺底或贴边都要经过打夯压实，然后才能向池塘注水。也可以结合施肥向已灌水的池塘泼撒塘泥或河泥，有些靠外河的漏水池塘，可采用池堤中间筑混凝土挡水墙的办法来解决漏水问题。

六、小结

一般来讲，池塘以长宽比为5∶3的东西长而南北宽的长方形池子为好，其优点是池埂遮荫小，水面日照时间长，有利于浮游植物的光合作用，并且夏季多东南风和西南风，水面易起波浪，使池水在动态中能自然增氧，可减少鱼类浮头。池塘周围不应有高大的树木和房屋，以免阻挡阳光照射和风的吹动。

第四章　池塘养殖的准备工作

鱼池建好以后，在放鱼苗前应该做好鱼池的清塘消毒、池水的育肥（肥水）以及饲料的准备工作。

一、清塘消毒

（1）自然清塘　池塘一般每年会沉积10厘米左右的淤泥，故应在干池捕鱼后，将池底的淤泥挖起放在堤埂和堤埂的斜坡上，待稍干时贴在堤埂斜坡上，拍打紧实，然后可以移栽黑麦草或青草等，作为鱼类的青饲料，又可以改善池塘条件，增大蓄水量，也可以起到固泥护坡的作用。

（2）生石灰清塘　在冬、春成鱼起捕后可进行生石灰清塘。首先将池里的水全部抽干。在做好池塘四周清杂、清整好池坡的基础上，每亩用50～150千克生石灰清塘。先用少量的水将石灰块溶解，然后全池泼洒到池底的淤泥上，让其自然清干。这种方法简单易行，成本低，既可以杀虫灭菌，又可以改善淤泥的性质，使淤泥的酸碱度呈中性。如果淤泥较厚，用生石灰清塘后，淤泥会很快板结发硬，可起到去肥、去污和净化、改善环境的作用。需要注意的是，使用生石灰后，池中不能有积水，需干池15天左右。清塘后3～5天即可放鱼。

（3）漂白粉清塘　漂白粉一般含氯在30%左右，遇水后能释放出生态氧，具有强烈的杀菌作用，并可杀死水中的敌害生物和各种病原体；其用量较少，药效较快，没有施肥作用。利用漂白粉清塘，鱼池愈肥，清塘效果愈差。干池清塘，每亩用量为8～10千克；水深1米左右，每亩用量为15～18千克。施用时将称好的漂白粉放入桶内，加水溶解后，全池泼洒。清塘后3～5天可放鱼。

(4)茶粕清塘　茶粕又称茶籽饼，含有皂碱素，是一种溶血性毒素，能使红细胞分解，可将池中敌害生物杀死，但对鱼病致病菌没有杀灭作用。用茶粕清塘，水深1米时每亩用量50千克。先将茶粕捣碎，再浸泡1～2天，然后连残渣一起均匀泼洒全池。清塘后7天可放鱼。

(5)巴豆清塘　巴豆内含巴豆素，是一种有毒的蛋白质，可使鱼血液凝固而死，但对致病寄生虫和微生物，水生昆虫没有杀灭作用。水深1米时每亩用量1.5千克，方法是用热水将巴豆浸泡数小时，然后水磨成浆，再密封起来，使用时用水稀释后全池泼洒。清塘后5～6天可放鱼。

(6)鱼藤精清塘　鱼藤精含25%的鱼藤酮，对鱼类和水生昆虫有强的杀灭作用，能杀死敌害鱼类和部分水生昆虫，对浮游生物、致病菌、寄生虫没有作用。水深1米时每亩用量1.2千克，对水稀释后全池泼洒。

应该注意的是，池塘的清整消毒一般宜选在晴天进行，清塘药物的药效一般都在7～10天，无论用哪种药物清塘后，放鱼前都应该先放几尾鱼试试水，在6小时内平安无事才可按计划放鱼。

二、肥水

池塘施肥的作用主要是向池塘施放含有氮、磷等营养元素的肥料，促使各类饵料生物的繁殖，为养殖鱼类提供充足的天然饵料，加速鱼类生长，提高池塘鱼的产量。

(一)常用肥料的种类

(1)农家肥　农家肥主要有粪肥和绿肥。粪肥包括人粪尿、家畜和家禽粪尿，绿肥有各种野生和栽培的青草、水草和绿肥作物等。

人粪中含氮素较多，肥料质量较高，腐熟分解也较畜粪快。家畜粪便的成分因家畜种类和饲料不同而不同，奶牛粪质量较好。牛粪腐熟较慢，马粪易腐熟，且腐熟过程放热较高。禽粪含养分较高，特别是磷素含量高，肥效高。

农家肥营养成分全面，除氮、磷、钾外，还含有其他多种元素，能较好地满足饵料生物的营养需要，且农家肥繁殖细菌和浮游动物的速度快，数量大，故肥效较高，是化肥不能比的。农家肥施入水中后逐步分解，肥效也较持久；缺点是在分解过程中需消耗水中大量的氧，施用过多则会造成池塘缺氧，且容易污染水质，引发鱼病，所以必须掌握合适的施肥量和注意施肥的方法。

(2)绿肥　绿肥宜选用较柔嫩，在水中易于腐烂分解和无毒的青草、绿肥作物等做池塘肥料。绿肥作物主要有紫云英、苜蓿、蚕豆、豌豆、田菁、草木犀、三叶草。绿肥的养分含量随植物种类和生长条件的不同而有差别。

(3)化肥　池塘施用的化肥主要有氮肥和磷肥，有的也施用一些钾肥。常用的氮肥主要有氨水、碳酸氢铵、硫酸铵、氯化铵、硝酸铵、尿素，磷肥主要有过磷酸钙、重过磷酸钙，钾肥主要有硫酸钾和氯化钾。要注意铵态氮的化肥遇到石灰、草木灰等碱性肥料，铵会变成氨气而挥发损失，故在贮运和使用时不可混在一起。硝态氮在运输和贮存时不可与易燃物放在一起，以免引起爆炸。施用无机磷肥时，要注意在碱性条件下其与水中的钙离子形成难溶的磷酸钙沉淀，同时也易被水中及淤泥中的胶体粒子吸附而不能被植物吸收。

(二)施肥方法

1. 施肥条件

池塘中如果水草过多则不能施肥，须先将水草清除，然后才能施肥。如果水池底质和水质呈酸性也不能进行施肥，要先用生石灰进行中和处理，一般每亩池塘泼洒 10～15 千克生石灰溶化的石灰水，但注意也不要使水中的 pH 值超过 9。

2. 农家肥和绿肥的施用

农家肥是池塘肥水的主要肥料，在鱼苗培育和成鱼饲养阶段要大量使用，对提高苗种质量和池塘鱼产量有很大作用。

施肥的方式分施基肥和施追肥两种。基肥在鱼类放养前施，施肥数量大，一次性施足。一般每亩池塘用家畜粪肥(半干)500～1 000 千克，但具体要视池塘肥瘦、肥料种类与浓度以及饲养鱼的种类而定。老池淤泥多，底质施肥用量要少，甚至可以不施肥；新池无淤泥，底质瘦，施肥要比老池多 1 倍。人粪用量可较畜粪少，禽粪较畜粪少一半，绿肥适量减少。饲养鲢鱼、鳙鱼、鲮鱼、罗非鱼等较多的池塘需多施肥，以养草鱼、青鱼、鲤鱼等为主的则少施。基肥应早施，一般于冬季池塘排水清整后，将粪肥均匀撒布于池底或积水区边缘，经曝晒数日，使有机质适当分解矿化，翻动肥料再晒数日即可向池塘中注水，也可在池塘注水后施基肥，在放鱼前 10～15 天将肥料分成小堆，施于浅水区，任其自行腐烂分解，让肥分扩散于水中。绿肥一般在注水后施放，分堆于沿岸浅水处，隔数天翻动一次，促使肥料腐烂分解，最后要把不易腐烂的残渣捞出池外。

施追肥在放鱼后进行，掌握少量多次的原则，使池水经常保持一定的肥度，浮游生物长盛不衰。施肥数量随水温和养鱼方式等而异。对于以投喂人工饲料为主的高产塘，大致是 4～6 月份每月每亩施肥 300～400 千克，7～8 月份高温季节一般不施农家肥，9～10 月份每月每亩施肥 200～300 千克。对于投饲量较少、以施肥为主的池塘，施肥量要适当增加，而 7～8 月份也不停施肥。施肥的方法，绿肥采用堆施，粪便也可采用分小堆施放，或对水后均匀泼洒于水面。堆施法每 7～10 天一次，泼洒法每 2～3 天一次，均匀使用全月的定额。总之，施肥的标准是要使池水保持“肥、活、嫩、爽”，透明度保持在 25～35 厘米之间。“肥”就是水色较浓，浮游生物数量较多，水中有机质较多，一般浮游植物量为 30～35 毫克/升，有机物耗氧量在15毫克/升左右。“活”是指水色随光照和时间的不同而常有变化，表明浮游植物种群处于繁殖旺盛期，也是游动较快，具有显著趋光性的鞭毛藻类占优势的表现。“嫩”是指水色肥而不老，大部分藻体没有衰老。“爽”表示水质清爽，混浊度小，透明度适中，水中含氧量高。要保持上述水质，除了要注意施好肥外，还要定期注入新水。

施用农家肥必须注意对池塘溶氧量的影响，要掌握适当的施肥量，不能一次施肥过多，做到少量勤施。施绿肥时肥料直接堆入水中，但需要控制施肥量，一般以每亩每次100～150千克为宜。肥料应先经过腐熟发酵，绿肥也最好沤烂后使用。

3.化肥的施用

鱼池施化肥时，最好氮肥、磷肥配合使用，并需有一定的配比和定额，以适应浮游植物繁殖的需要。另外，还需要视池塘的条件，水中原有的氮、磷、钾的含量以及施肥水平的高低等而有所变动。如老池施肥量可少些，氮、磷比也可小些；新池正好相反。缺磷和施肥水平较低的池塘，氮、磷比可小些，施肥量可低些。一般精养池塘夏季往往缺磷，而氮量偏高，这时应多施磷肥而少施或不施氮肥。池塘施化肥每年的总用量大致为每亩施氮肥12～24千克氮，合硫酸铵60～120千克；磷肥6～12千克磷，合过磷酸钙40～80千克；实际施肥量亦随具体条件而有所不同。施肥的间隔天数原则上尽量做到少量多次，尤其水温较高时要如此，一般每3～5天至7～8天施肥1次。

施化肥的方法较简便，固体化肥先加水溶化，液体化肥加水稀释，然后均匀泼洒水面，或采用机械喷施。施肥时间以晴天上午为好，这时氢离子浓度较高，水温较低，氨的挥发和磷的沉淀作用均较弱，毒性也较小。

施铵态氮肥时要根据池水的氢离子浓度和温度等有关条件控制施肥量，使施肥后水中的非离子氨不致达到对鱼有害的浓度。

含不同肥分的各种肥料以混合施用效果较好，但根据肥料性质，有些肥料不可混合施用，以免相互作用而造成养分的损失和降低肥效。磷肥和石灰不能同时施用，而且分开施用所间隔的时间至少在7天以上。阴雨天以及雨后水浑时，光线不足，水中胶粒多，施肥效果不好，应停止施肥。固体肥料不能直接撒入水中，以免肥分大部分沉淀和被底泥中的胶粒吸附，而造成肥料的浪费，必须先加水溶化而后再泼洒。

4. 农家肥与化肥配合施用

农家肥与化肥各有优缺点，两类肥料同时施用或交替施用，可以充分发挥两类肥料的优点，又相互弥补了缺点，效果更好。施化肥的池塘，施肥后溶氧大幅度提高，池鱼不发生浮头现象。农家肥所含营养成分较全面，肥效较持久；相反，化肥养分单一，不全面，肥效不够持久。单施化肥往往会因碳源不足而限制浮游植物的繁殖，施农家肥则可弥补这方面的缺点。施农家肥容易污染水质，引起鱼病发生；而施化肥则水质条件较好，鱼病相对较少。农家肥和化肥配合施用的原则是：一般基肥宜用农家肥，追肥用化肥；老池底质含有机质多，宜多用化肥，新池则多用农家肥，以使池底较快地形成一层淤泥，有利于池水变肥；追肥可两类肥料交替或混合施用。

5. 注意事项

要注意不要在雨天、闷热天和高温季节施肥。雨天水体中浮游植物光合作用不强，对氮、磷等元素吸收能力差。另外，鱼体补充水量大，施肥的有效浓度会降低。天气闷热时，水中溶氧较低，施肥后水中有机物耗氧量增加，极易造成鱼类因缺氧而浮头。

三、饲料的准备

饲料是鱼类生长发育所需的营养物，鱼类的饲料包括天然饵料和人工饲料两大类。天然饵料如浮游生物、底栖生物等，是水体中天然生长的，在池塘中主要靠施肥来增殖，供鱼苗及滤食性鱼类等摄食。人工饲料则是通过人工收集或采购、加工、投喂的鱼类饵料，主要供非滤食性鱼类摄食。

(一)鱼类的营养需要

(1)蛋白质　鱼类对饲料中蛋白质含量的要求相对于恒温动物的畜、禽要高，一般温水性鱼类饲料中适宜的蛋白质含量在30%～40%，肉食性鱼类要求在40%以上，草食性鱼类相对较低，苗种期较高。蛋白质中氨基酸的含量也要与相应的鱼的种类适合，才能最大程度地提高饲料的利用率。

(2)脂肪　鱼类对脂肪的利用率很高，是重要的能源物质。一般要求饲料中含量在10%左右。对于脂肪的需求，肉食性鱼类要求较高，草食性鱼类较低，成鱼较低，水温高时需求较高，水温低时较低。需要注意的是，脂肪容易氧化变质，对鱼类有害，所以含脂肪较多的饲料不宜久藏。

(3)糖类　糖类也是鱼类重要的能源物质，鱼类对糖类的利用率较低。温水性鱼类对糖类的利用率较高，饲料中糖类的适宜含量在30%左右；冷水性鱼类对糖类的利用率较低，饲料中糖类的适宜含量在20%左右。

(4)无机盐　鱼类生长发育所必需的大量的无机盐元素如钙、磷、钾、硫、钠、氯、镁、铁、铜、碘等，一部分可以直接从水中摄取吸收，还有一部分必须从饲料中摄取，如果饲料中缺少某种无机盐有可能会导致鱼类产生代谢障碍或无机盐缺乏症。

(5)维生素　维生素是维持鱼体正常生理功能所必需的一类生物活性物质，对维持鱼体正常生长发育和提高抗病能力有重要作用。维生素一般在体内不能合成，需要由食物供给。鱼体所需的量较少，但却是不可缺少的营养素之一。鱼类对维生素的需要量较难确定，不同种类、年龄、环境条件的鱼类均不同。

(二)商品饲料

1.植物性饲料

(1)谷类与糠、麸　这类饲料是鱼类廉价的能源物质,特别是糠、麸类,但此类饲料最好与动物性饲料配合来用。另外,此类饲料特别缺钙,维生素A、维生素D也很缺乏,需要注意。

(2)饼粕类　包括豆饼、花生饼、菜籽饼、棉籽饼、芝麻饼等,蛋白质含量较高,是养鱼饲料中主要的蛋白源,氨基酸组成也较好。近年来,大豆饼粕已较广泛地被用来代替鱼类配合饲料中价格较高的鱼粉,效果很好,但要注意大豆饼粕在投喂前最好进行热处理,以消除其中含有的抗胰酶等有害因子,提高利用效率。

(3)豆类　豆类饲料有大豆、蚕豆、豌豆等,其中大豆的蛋白质含量较高,品质最好,豆浆养鱼(苗)是我国传统的培育鱼苗的方法。

(4)糟渣类　主要有酒糟、糖糟、豆渣等。酒糟尤其是糟水中含B族维生素较多,酒糟还可诱鱼摄食,但不可投喂过多,以免大量有机质溶入水中。豆渣营养价值较高,是很好的鱼种饲料,但易变质,最好鲜喂。

(5)粗饲料　有农作物的秸秆、蔓藤等,如稻草、麦草、玉米秆、高粱秆、花生藤、花生壳等,含粗纤维较高(20%以上),很难被鱼类直接摄食,可以粉碎后,掺在其他饲料中制成配合饲料,但不宜大量掺入,否则会影响消化率,降低鱼类的生长率,一般主要是针对草食性鱼类。粗饲料也可以通过微生物对其进行糖化发酵,使一部分鱼类难消化的纤维素分解成可被鱼类消化的单糖。

2.动物性饲料

动物性饲料蛋白质含量高,一般占干物质的50%～80%,含糖类很少,粗纤维几乎为零,无机盐特别是钙、磷含量高,维生素含量丰富,营养价值较高。常用的有鱼粉、血粉、骨粉、蚕蛹及其他畜禽、水产品下脚料等。

(1)鱼粉　鱼粉是目前饲料中动物性蛋白质的主要来源。优质鱼粉主要以经济价值低的杂鱼加工而成。鱼粉蛋白质含量在50%～60%以上，氨基酸组成好，营养价值完全，钙、磷含量也丰富。由于鱼粉价格较高，在养鱼配合饲料中只加3%～10%，以补充限制性氨基酸的不足和促进鱼的食欲与生长。

(2)血粉　是以动物血经干燥制成，粗蛋白质含量很高，可达60%～80%，但其营养成分单一，基本只含蛋白质，且蛋白质质量差，氨基酸含量不平衡，一般作为蛋白质补充饲料。

(3)骨粉　骨粉是肉类加工厂利用猪、牛、羊等骨头和内脏等加工制成。粗蛋白质含量较高，达40%～65%，氨基酸组成不及鱼粉，比血粉好，一般作为蛋白质的补充物。

(4)蚕蛹　蚕蛹粗蛋白质含量在60%以上，可作为养鱼的重要的动物蛋白源，但蚕蛹脂肪含量较高(可达20%)，不宜贮藏，最好脱脂后使用。

(5)畜禽、水产品下脚料　利用禽畜的羽毛、蹄、角等原料经水解后制成的动物性蛋白质饲料，蛋白质含量较高，可以代替部分鱼粉作为配合饲料的原料。

3. 配合饲料

配合饲料是以不同鱼类在不同生长阶段对各类营养物质的需要为基础，按照饲料营养成分的含量，将数种饲料以一定比例科学地配合起来而加工制成的饲料。

(1)优点　使营养成分互补，使之更全面和符合鱼类的生长需要，从而保证养殖鱼类在最佳营养条件下成长，获得最高生产效率。

(2)设计　配合饲料中各种原料的合理配比要根据饲养对象的营养标准而定，另外还需注意配方的经济性、安全性、适口性和养殖方式等各方面的因素。

4.饲料添加剂

饲料添加剂是指在制作配合饲料时，除了动、植物性基础饲料外，另外添加的无机盐、维生素、氨基酸、诱食剂、黏合剂、防腐剂、药剂等。其添加量很少，一般为百分之几或百万分之几。需要注意的是，添加剂不能对鱼体产生毒害作用并符合国家相关的规定。

(1)无机盐　由于鱼类可从水中吸收钙，而磷主要来源于饲料，所以无机盐的添加是以磷为主，目前鱼类无机盐添加主要是参照畜禽无机盐添加剂配方进行修改后应用。

(2)维生素　目前这方面的研究不多，而且维生素商品较贵，所以最好通过配合饲料的合理性补充维生素的不足。

(3)氨基酸　养鱼所用的配合饲料主要以植物性精饲料为原料，一般赖氨酸和蛋氨酸的含量不足，所以可以参照畜禽饲料进行添加试验。

(4)诱食剂　饲料中含有有效的诱食剂可以有效地增进鱼类的摄食量，促进鱼的生长，但注意不同的鱼需要有不同的诱食剂。

(5)光合细菌(PSB)　光合细菌可作为鱼类饲料的营养性促生长添加剂，其营养丰富，蛋白质含量高，氨基酸组成好，维生素丰富，可对鱼类的生长起到很好的作用，近年来已经较广泛地应用在鱼类养殖中。

(6)药剂　可在配合饲料中添加特定的药物以防治鱼病，但日常的应用饲料一般不能混合药剂进行常年投饲，而只能在发病季节或发病前有针对性地投喂。

第五章　主要养殖鱼类的人工繁殖

人工繁殖是取得鱼苗最经济的手段，也是鱼类养殖的重要生产环节之一。下面就以目前比较成熟的青鱼、草鱼、鲢鱼、鳙鱼、鲮鱼的人工繁殖技术为例，将整个人工繁殖过程分为亲鱼培育、催情产卵（催产）和人工孵化三个部分作简单介绍。

一、亲鱼培育

亲鱼培育是人工养殖非常重要的环节，亲鱼培育的好坏直接影响到性腺的成熟度、催产率、鱼卵的受精率和孵化率，从而间接地影响到整个养殖计划。

(一)亲鱼的来源和选择

(1)来源　可以选择质量好的亲鱼生产的鱼苗，经过精心的培育，多次筛选后留下理想的个体作为亲鱼，也可以从江河、湖泊等天然水体中收集发育正常、体型较大的性成熟个体，经过池塘的适当培育，作为亲鱼。需要注意的是，人工繁育中要尽量避免近亲繁殖。

(2)选择　首先要选择已经达到成熟年龄的亲鱼进行培育，不同的鱼类性成熟年龄不同，同一种鱼在不同的地域性成熟年龄也不同。一般选择第二次性成熟年龄的亲鱼较好，另外应当选择已达到性成熟、个体较大、生产性能好的亲鱼。

(二)亲鱼池的条件和清整

(1)亲鱼池的条件　亲鱼池要临近水源，注、排水方便，以利于冲水和调节水质，面积 3～5 亩，水深 2.0～2.5 米，长方形，池底平坦，鲢鱼、鳙鱼以壤土和有一些淤泥为好，草鱼和青鱼以沙壤土为好，少含或不含淤泥。

（2）亲鱼池的清整　亲鱼池必须每年在人工繁殖完后进行一次清整，包括挖除淤泥，维修和加固堤埂，清除杂草，消灭野杂鱼。

（三）亲鱼培育

1. 亲鱼的放养密度

亲鱼的放养密度随池塘条件、饲养管理技术等不同而异，一般每亩池塘放养亲鱼总重量150～200千克，主养鱼的雌、雄比例为1.0∶（1.0～1.5）。

2. 鲢鱼、鳙鱼的亲鱼培育

培育鲢鱼、鳙鱼亲鱼，主要依靠施肥的方法，繁殖浮游生物作为鲢鱼、鳙鱼的饵料，因此肥好水是鲢鱼、鳙鱼亲鱼培育的关键。

亲鱼放养前，应在清塘后施放基肥，一般每亩池塘夏季可施粪肥200千克，冬季600～800千克，阳光曝晒3～5天后可注水放鱼。放鱼后，按不同季节和水温情况，施放追肥，以少量多次为好，一般每月施农家肥750～1 000千克，冬季和产前可适当喂些精饲料。

（1）产后培育　产后天气开始转热，水温不稳定，这时亲鱼体质尚未恢复，适应能力差，因此需专门管理，注意水体和鱼的反应。

（2）秋冬培育　秋季进入亲鱼正常培育期，应加大施肥量，每周每亩施农家肥500千克，使池水颜色转浓，入冬后少量补充施肥，保持池塘有一定的浮游生物量。如遇晴暖天气，可适当喂些精饲料。

（3）春季培育　开春后最好换去池塘一半左右的“老水”，控制水深在1米左右，以利于提高水温和易于肥水。施肥量比平常适当增加，可采用堆肥和泼洒粪肥相结合的方法，2～3天泼洒1次，并适当喂些精饲料。

（4）产前培育　在催产前15～20天，鲢鱼亲鱼池应少施或不施肥料，并经常冲水，这对防止泛池和促使亲鱼性腺发育有良好作用。

总之，应根据产后补偿体力消耗，秋季促进性腺生长和积累脂肪、春季促进性腺大生长的主要特点，而采取相应的水肥管理措施，即产后看水少施肥，秋季正常施肥，冬季补充施肥，春季肥料和精料结合。池塘冲水是亲鱼培育的重要措施之一。产后到冬季前这段时期的冲水，主要是防止泛池和水质变坏，冲水次数根据具体情况而定。春季冲水可改善水质，同时可满足亲鱼对水流的要求，促进亲鱼性腺的发育。一般开春后每月冲水 2～3 次，每次 2～4 小时，以后逐渐增加冲水次数，鲢鱼亲鱼池在临产前 15～20 天更要经常冲水，鳙鱼亲鱼池冲水次数可适当少些。从 3 月份开始（南方更早些），即需专人管理，加强巡塘。如果发现有泛池预兆，必须立即冲注新水，防止泛池发生。

3. 草鱼亲鱼的培育

培育草鱼亲鱼的主要措施是投喂充足的、营养成分适合性腺发育的饲料，以及在培育过程中特别是在催产前经常向池塘冲注新水。饲喂草鱼的饲料，应该青饲料与精饲料相结合，青饲料包括麦苗、莴苣叶、苦荬菜、蔬菜和水草等，精饲料为大麦、小麦、豆饼和花生饼等。

产后和秋季水温较高时，每天上午 9:00～10:00 投喂青饲料，下午 4:00 吃完为宜；同时每天下午每尾草鱼投精料 100 克左右。秋末冬初水温降低，鱼摄食量减少，一般投喂精饲料，每天每尾鱼约投 25 克，按水温高低，每隔 2～3 天投喂 1 次；冬季水温低时则在晴暖天气适量投喂。

开春后将池水换去一半，加注新水，使水深保持 1.5 米左右。3 月份开始喂麦芽、豆饼等，每天每尾 50～100 克，尽量提早投青饲料，并且要投足，在临产期时，草鱼亲鱼摄食量会明显减少，说明其性腺发育到可以催产的程度，可以停止投饲。

培育草鱼亲鱼，需要加强冲水，秋、冬季一般每10～15天冲水1次，每次冲水3～5小时；开春后要增加冲水次数，随着水温升高，每3～5天冲水1次，临产前半个月，隔天冲水1次，催产前几天最好每天冲水。

4. 青鱼亲鱼的培育

培育好青鱼亲鱼，需投足符合青鱼食性的螺、蚬和蚌肉等动物性饲料，辅以少量饼粕。要做到四季不断食，吃饱为度，这样才能满足其性腺发育对营养物质的需要。每尾青鱼亲鱼一般1年中需投螺、蚬500千克，菜籽饼或豆饼10千克左右。青鱼池也须经常冲水，但可较草鱼池冲水的次数略少些。秋、春季同样要加强管理，防止泛池。

5. 鲮鱼亲鱼的培育

培育鲮鱼亲鱼以施肥为主，辅投精饲料。一般每亩池塘每天施腐熟粪肥50千克左右，且每尾鱼每天投精料3～5克，越冬前应多投精料，使亲鱼充分积累脂肪，春季精料应减少，防止亲鱼生长过肥。开春后每月冲水1次，临产前1个月冲水次数可增至每周1次或多次。

二、催产

催产即通过注射外源激素促使亲鱼性腺发育成熟、产卵和排精。

1. 催产剂的种类和作用

目前常用的催产剂主要有鱼类脑垂体、绒毛膜促性腺激素(HCG)和促黄体生成素释放激素类似物(LRH)3种。脑垂体以用鲤科鱼类的脑垂体为好，绒毛膜促性腺激素的催产效果较脑垂体为差，特别是对草鱼催产效果不好，必须在阴凉或低温处干燥保存。促黄体生成素释放激素类似物是人工合成的，效应时间较脑垂体和HCG为长。

2.催产池准备

催产池应建在靠近亲鱼池及孵化场所，有良好水源、排灌方便的地方。催产池形状一般为椭圆形或圆形，面积一般60～100米^2。

3.催产季节

一般适宜的催产水温为20～28℃，最适温度为22～26℃。具体要根据各地区水温及鱼种类的不同而定。

4.亲鱼选择

同一批催产的雌、雄鱼，个体大小、重量最好大致相当，或雄鱼略小，不可相差过大，雌、雄配比以1∶1.5为好。成熟度较好的亲鱼外观标准为：①鲢鱼、鳙鱼的雌鱼腹部比较膨大，生殖孔附近饱满、柔软、略有弹性，生殖孔红润；仰翻后抬高腹部，隐约可见卵巢轮廓向前移动。雄鱼能挤出乳白色精液，入水即散。②草鱼预先停食2天，鉴别时雌鱼的腹部较松软，腹部朝上时可见两侧卵巢下垂的轮廓，腹部中间凹陷。雄鱼同鲢鱼、鳙鱼。③青鱼性腺发育良好者外观不如草鱼和鲢鱼、鳙鱼典型，见腹部膨大而柔软即可。青鱼雄鱼精液较少，常将精液吸出或挤出后，供人工授精用。④鲮鱼雌鱼腹部也较大而柔软，泄殖孔微红而凸出。

亲鱼拉网次数不可过多，否则会促使性腺退化。

5.注射催产剂

亲鱼选好后，放在布夹内，再将布夹置于池边水中，即可注射催产剂。

(1)注射液配制　将催产剂溶解在注射用生理盐水中。

(2)注射剂量和次数　注射剂量应根据催产期的早晚、水温高低以及亲鱼成熟情况灵活掌握，成熟程度较低时剂量要高些，最好一次成功，如果分2次，第一次要少注射(1/10)。一般情况下各种鱼类的注射剂量如下(所列为雌鱼剂量，雄鱼减半)：①脑垂体，3～5毫克/千克体重。鲢鱼、鳙鱼可低些，草鱼、青鱼要高些。②HCG，

始，在水温 28℃左右时卵子能正常受精的时间仅 1～2 小时，此为卵子适当成熟时间，在这时授精，受精率高，胚胎发育正常。如挤卵过早则鱼卵不够成熟，过晚则鱼卵已成熟，均会影响受精率和胚胎发育。掌握挤卵的准确时间，是在亲鱼发情即将进入产卵的时刻，对亲鱼进行检查，若轻压雌鱼腹部即有卵子流出，就可马上挤卵（图 5-2）。如有的雌鱼只能挤出部分卵子，尚有许多卵子不能挤出时，可将雌鱼暂时放回催产池内培养，约半小时后再检查，挤出余下成熟卵进行人工授精。

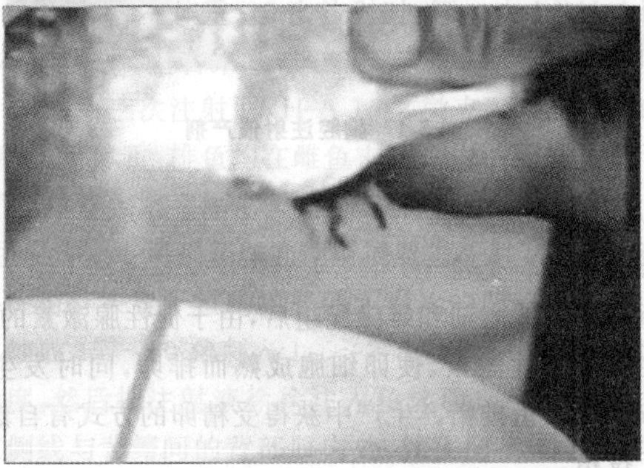

图 5-2 挤卵

人工授精有干法、半干法和湿法 3 种。①干法：挤卵前擦干鱼体水分，防止挤卵时水滴入卵中而影响卵的受精率。将卵挤入擦干的脸盆中，然后用同样的方法挤入精液，注意采集精液时不要沾水。精、卵应避免阳光照射，用手或羽毛轻轻搅拌混合，1～2 分钟后徐徐加入清水，再轻轻搅拌 1～2 分钟，静置 1 分钟，反复 2～3 次，即可移入孵化器中孵化。②半干法：将雄鱼精液挤出或用吸管吸出，放入生理盐水中稀释，然后倒在卵上，再同干法一样搅拌、冲洗。③湿法:将精、卵挤在盛有清水的盆中,鱼体表面的水不必擦干,然后再按干法一样操作。这 3 种方法中干法操作较麻烦,半干法更麻烦,但在雄鱼不足或精液不足时效果较好,湿法简单易行。但关键的还是掌握好挤出成熟的卵子和精子,操作要细心。

亲鱼产卵结束后,从催产池中捞出,放入暂养池中让其充分休息,精心喂养,恢复体质。

三、人工孵化

1. 影响因素

(1)水温　根据养殖的品种选择其最适的水温,一般在(25±3)℃,并且注意水温不能有剧烈的变化。

(2)溶氧　一般要保持孵化用水的含氧量在 4～5 毫克/升以上。

(3)水质　要求水质清新无污染,pH 值在 7～8。

2. 孵化器及孵化管理

现在生产中普遍使用的孵化器有孵化环道、孵化桶(缸)、孵化槽等,一般都为流水孵化的形式。

鱼卵放入孵化器前应清除混在其中的杂物,计数后放入孵化器中孵化。孵化过程必须有人值班管理,主要是调节水流速度和及时清洗附在纱布上的污物。鱼苗出膜后,水流应适当加大;鱼苗全部孵出 1 天后,水流可适当减少。当有 5%的卵已经孵出时,生产上经常采用停水溶膜的方法,即停止水流动,鱼卵下沉,15 分钟左右有 95%的鱼苗孵出,而且卵膜几乎全部自行溶解,此时再打开水流,冲起鱼苗。

鱼卵在发育到原肠中期(受精 6～8 小时)时,用小网随机捞鱼卵 1 000 粒左右,放在白瓷盘中检查,将混浊、发白、腐烂的坏卵剔除,计数已受精的卵数可得受精率。

3.胚胎发育

目前养殖鱼类的受精卵大多为半浮性，卵子受精吸水后卵膜迅速膨胀，大约半小时后膨大如球，然后经过卵裂，囊胚期至原肠期，神经胚，尾芽期，出膜成为幼苗。不同的鱼类各个阶段发育的时间长短不一，一般孵出后1周左右，鱼苗长至8～9毫米，可以较为迅速有力地游泳，就可以移出孵化器，放到池中喂养了。

四、小结

因为这一阶段的成败决定着以后整个的生长养殖情况，所以在整个孵化产卵期间，最好有专门的技术人员随时对孵化和产卵情况进行观察和照看，以便于随时应对可能发生的不良情况。

第六章　鱼苗、鱼种培育

在获得合格的鱼苗以后，接下来就进入鱼苗、鱼种的培育阶段。鱼苗、鱼种的培育，就是从孵化后3～4天的鱼苗，养成至可供池塘、湖泊、水库放养的鱼种。一般分两个阶段：鱼苗经18～22天饲养，成为3厘米左右的稚鱼，此时多正值夏天，称为夏花；夏花经3～5个月的养殖，成为8～20厘米的鱼种。

一、鱼苗的培育

鱼苗的培育是将鱼苗养成至夏花鱼种的过程。此过程中要注意创造无敌害生物、水质良好的生活环境，保持数量多、质量好的适口饵料。

（一）鱼苗的挑选

鱼苗因受鱼卵质量和孵化培育过程中环境的影响，体质有强有弱，在生产上可以根据体色、游动状况等来进行鉴别。一般个体体色相同，无白色死苗，身体清洁，略带黄色或稍红；搅动时，鱼苗在漩涡边缘逆水游动的均为较优的鱼苗。

（二）鱼苗的运输

如果鱼苗是购买的话，要选用体质健壮、能够摄食的鱼苗作为运输对象。运输前，鱼苗应在鱼苗网箱内暂养4～6小时。目前常用的塑料鱼苗袋为70厘米×40厘米，加水8～9升，即袋内容量的2/5～3/5，每袋可装鱼苗15万尾。运输时间在10～15小时，运输用水应清澈无污染，充氧密封。运输途中要防止风吹、日晒、雨淋。

(三)鱼苗培育池

鱼苗培育池最好是东西向、通风向阳、长方形,长宽比为5∶3,面积1～3亩,水深1.0～1.5米,池埂高过水面0.3～0.5米,池底平坦,向出水口倾斜,少淤泥。在使用前进行修整和清塘。

(四)适口饵料的培育

鱼苗下塘前就要将池水培育好,鱼苗的最佳适口饵料为轮虫和无节幼虫等小型浮游动物。一般在鱼苗下塘前5～7天每亩全池泼洒粪肥150～300千克,或前7～10天每亩泼洒绿肥200～400千克,生产上常在施农家肥之前先泼洒0.2～0.5毫克/升的晶体敌百虫来杀灭大型浮游动物。

(五)鱼苗下塘

要待鱼苗鳔充气、能平游、可以主动摄食外界食物方可下塘,每天观察培育池中轮虫的种类和数量,一般在发现水体中含有大量的滤食性臂尾轮虫时下塘,检查池中是否有敌害生物,没有时下塘。

凡是经运输来的鱼苗,必须先在鱼苗池中的鱼苗箱内进行暂养。先将鱼苗放入池内,当袋内外水温一致时再开袋,将鱼苗放入鱼苗箱中。暂养时,经常在箱外划动池水,增加箱内水的溶氧,一般经0.5～1.0小时暂养,鱼苗可以在箱内逆水游泳。

鱼苗经暂养后,需泼洒蛋黄水(鸡蛋或鸭蛋在沸水中煮1小时以上,取蛋黄,掰碎,用纱布包裹,在脸盆内漂洗而成)。将蛋黄水淋撒于鱼苗箱内,一般一个鸭蛋黄可供10万尾鱼苗摄食。待鱼苗饱食后,肉眼可见鱼体内有一条白线时,方可下塘。

鱼苗下塘的安全水温不能低于13.5℃,如鱼苗运到已是晚上时,应将鱼苗放在室内容器内暂养,并使水温保持在20℃,投喂1次蛋黄后,每1小时换1次新水,最好进行充氧。待第二天池水水温回升后,再投1次蛋黄后调节水温温差后下塘。

(六)放养密度

合理的放养密度可以充分地利用池塘,节约饵料、肥料和人力,但密度太大会影响鱼苗的生长。一般鱼苗养至夏花,每亩放养8万～15万尾。但具体的数量要随培育池的池水条件、饵料质量、鱼苗的种类等有所不同。

(七)培育方法

精养细喂是提高鱼苗成活率的关键技术之一。主要方法有:

1.农家肥和豆浆混合饲养

(1)轮虫阶段　鱼苗下塘后1～5天,全长一般从7～9毫米长至10～11毫米。此期间鱼苗主要以轮虫为食,为维持池内轮虫数量,鱼苗下塘当天就应该泼洒豆浆,一般每3千克干黄豆磨浆50千克,每天上午、中午、下午各泼1次,每次每亩泼15～17千克。豆浆的泼洒要细致均匀,一部分喂鱼,一部分喂浮游动物。

(2)水蚤阶段　鱼苗下塘后6～10天,全长从10～11毫米长至16～18毫米。此期间鱼苗主要以水蚤等枝角类为食。每天需泼豆浆2次,早晨和中午各1次,每次每亩30～40千克。在此阶段,选晴天上午追施腐熟的粪肥1次,每亩100～150千克,全池泼洒,以培养大型浮游动物。

(3)精料阶段　鱼苗下塘后11～15天,全长从16～18毫米长至26～28毫米。此期间水中的大型浮游动物已经不多,不能够满足鱼苗生长需要,鱼苗的食性已发生明显转化,开始在池边浅水寻食。此时可改投豆饼糊或磨细的酒糟等精饲料,每天每亩合干豆饼1.5～2.0千克。投喂时,将饲料堆放在离水面20～30厘米的浅滩处供鱼苗摄食。

(4)锻炼阶段　鱼苗下塘后16～20天,全长可长至31～34毫米。此期间鱼苗大致可达到夏花规格,需拉网锻炼,以适应高温季节出塘分养。此时,豆饼糊投喂的数量增加至每天每亩合干豆饼

2.5～3.0千克，池水也要加到最高水位。

2. 大草饲养法

广东、广西多用此法，即投喂一些野生的无毒、茎叶柔嫩的菊科和豆科植物。鱼苗下塘前7～10天，每亩投放大草200～400千克，分别堆放于池边并浸没于水中，腐烂后培养浮游生物。鱼苗下塘后，每隔5天投放大草1次，每次150～200千克，养1亩夏花需大草650～800千克。如发现鱼苗生长缓慢，可增投精饲料，每天每亩投喂量合干花生饼1.5～2.0千克，投喂方法同前法。用此法培育鱼苗的池塘，浮游生物量较丰富，但水质不够稳定，易造成水中溶氧条件较差，因此，每次投草料的数量和时间的间隔长短要根据水质和天气灵活掌握。

(八)日常管理

1. 分期注水

鱼苗初下塘时，鱼体小，池塘水深在50～60厘米，以后每3～6天注水1次，每次10～20厘米，培育期间共加水3～4次，最后加至最高水位。注水时应在注水口用密网拦阻，防止野杂鱼和其他敌害生物进入池内。

2. 拉网锻炼

鱼苗经16～18天饲养，长到3厘米左右，要求有更大的活动范围，同时鱼池的水质和营养条件不能满足鱼苗的要求，需要分塘养殖或运输到外地，此时正值夏季，水温高，鱼体新陈代谢剧烈，鱼苗又十分娇弱，对不良环境的适应能力差，所以需要在此养殖期间进行2～3次拉网锻炼。

(1)需要工具　①夏花被条网：由上纲、下纲和网衣3部分组成。网长为鱼池宽度的1.5倍，网高为水深的2～3倍。网衣水平缩结系数为0.7。网衣由12～13目的蚕丝布或麻布制成。②长方形网箱：箱高0.87米，宽0.8米，长5～9米。网箱网目同夏花被条网目，网箱四周有网绳，缩结系数为 0.7。箱口四周及口边每隔 1 米装耳绳 1 根，每根为长 30 厘米的维尼纶绳。同时将十余根小竹竿插在池塘两侧，就地装网即成。③鱼筛：用毛竹丝、藤皮加工而成，要求竹丝浑圆光滑、粗细均匀、编结牢固。每套鱼筛有 30 多个，用来将不同大小、规格的鱼苗或将野杂鱼和鱼苗分开。

(2)锻炼方法　稚鱼锻炼选择在晴天上午 9:00 左右拉网。第一次拉网，只需将夏花集中在网中，检查鱼的体质后放回池内。此次操作要特别小心，因为此时鱼体十分嫩弱，拉网赶鱼要慢些，收拢网片时，要防止鱼苗贴网。隔 1 天进行第二次拉网，将鱼种围集后，将被条网上纲与长方形网箱上口相并，压入水中，在网箱内轻轻划水，使鱼群逆水自动游入网箱的一端，以便清除另一端网箱底部的粪便和污物。之后，放入鱼筛，筛边紧贴网箱网片，筛口朝向鱼种，在鱼筛外划水，使鱼种穿筛而过，将杂物筛出。鱼种锻炼 2 小时后放回池内。第二次拉网后再隔 1 天进行第三次锻炼，操作同第二次。如果鱼种自养自用，第二次拉网锻炼后就可以开始分养。如需长途运输，第三次拉网后将鱼种放入水质较清的池塘网箱中，经一夜的吊养后方可装运，期间须有人看护。

3. 巡塘

每天至少巡塘 3 次。早上查鱼苗是否浮头，勤捞杂物，消灭有害生物；午后查鱼苗的活动情况，除杂草；傍晚检查鱼苗培育池的水质、天气、水温、投饲施肥的数量、注排水和鱼的活动情况。此外，应经常检查有无鱼病。

4. 记录

勤做日常管理的日志，安排好第二天的投饲、施肥、加水等工作。

5. 夏花计数

夏花鱼种的出塘计数通常采用杯量法，量鱼杯选用 250 毫升的直筒杯，杯底有若干小孔，用以漏水。计数时，用量鱼杯迅速装满夏花鱼种，立即倒入空网箱内。任意抽查一个量鱼杯中的夏花鱼种数量，根据导入鱼种的总杯数和每一杯鱼种数推算出夏花鱼种总数。

二、鱼种的培育

鱼种的培育是将夏花鱼种养成1龄鱼种的过程。

(一)鱼种池

鱼种池条件与鱼苗池相似，面积稍大，深度稍深，一般面积2～5亩，水深1.5～2.0米。在使用前进行整塘与清塘。

(二)施肥

夏花阶段尽管鱼种的食性已经开始分化，但对浮游动物仍喜食，因此，鱼种池在夏花下塘前应施农家肥以培养浮游生物，这是提高鱼种成活率的重要措施，一般每亩施200～400千克粪肥。以鲢鱼、鳙鱼为主养鱼的池塘，基肥应多一些，鱼种应控制在轮虫高峰下塘；以青鱼、草鱼、团头鲂、鲤鱼为主养鱼的池塘，应控制在枝角类高峰期下塘。此外，以草鱼、团头鲂为主养鱼的池塘还应在原池培养芜萍或小浮萍，可作为鱼种的适口饵料。

(三)夏花放养

一方面，由于各种鱼的活动水层、食性和生活习性已经有了明显的差异，可以混养，以充分利用池塘水层和天然饵料资源，发挥池塘的生产潜力。另一方面，由于各种鱼对所投喂的人工饲料均喜食，这就容易造成争食现象，也难于掌握养成鱼种的规格。然而单养一种鱼种也不利，不能充分利用资源条件。几种鱼适当地搭配饲养，可以做到彼此互利，提高池塘利用率和鱼种的成活率。

(1)混养搭配　夏花阶段各类鱼的食性分化已基本完成，可根据各种鱼类的食性和栖息习性进行搭配混养。应选择彼此争食少、相互有利的种类搭配饲养，如鲢鱼和鳙鱼，鲢鱼行动敏捷，争食性强，而鳙鱼行动迟缓，争食性弱，二者混养的话，鳙鱼可能得不到充足的饵料而生长不良。草鱼和青鱼在自然条件下食性完全不同，但在人工饲养条件下均可采食人工饲料，产生争食的矛盾，草鱼争食能力强，青鱼摄食力差，所以一般青鱼池不混养草鱼。因此，生产上经常采用草鱼、鲢鱼、鲤鱼混养或青鱼、鳙鱼、鲫鱼混养。另外，要注意主养鱼提前下塘，配养鱼推迟放养，这样可人为造成各种鱼种在规格上的差异，提高主养鱼对饵料的争食能力。

(2)放养密度　夏花的放养密度主要依据食用鱼水体所要求的放养规格而定，根据饲养成鱼水体的放养计划而制定夏花鱼种的放养收获计划，鱼种出塘规格大小主要根据主养鱼和配养鱼的放养密度、鱼的种类、池塘条件、饵料和肥料供应情况等而定。同样的出塘规格，鲢鱼、鳙鱼的放养量可较草鱼、青鱼大些，鲢鱼可比鳙鱼多些。池塘条件好，饵料充足，配套设施好，就可以增加放养量，反之就减少。

(四)放养方法

(1)以天然饵料为主，精饲料为辅　天然饵料除了浮游动物外，投喂草食性鱼类的饵料主要有芜萍、小浮萍、苦草、轮叶黑藻等水生植物及幼嫩的禾本科植物；投喂青鱼的饵料主要有轧碎的螺蛳、蚬子及蚕蛹等动物性饲料；投喂杂食性鱼类的精饲料主要有饼粕、米糠、豆渣、酒糟、玉米及配合饲料等。

根据鱼的生长发育规律以及季节和饲养特点，可采用分阶段强化投饲的方法，务求鱼种吃足、吃好、吃匀。生产上一般将培育过程分为单养阶段、高温阶段、鱼病阶段和育肥阶段。单养阶段只放养主养鱼，此时放养密度小，水质清新，水温适宜，天然饵料数量充足、适口、质量好，要抓紧时间加快主养鱼的生长。在高温阶段的水温高，夜间池水易缺氧，应注意天气，适当控制吃食量，夜间不摄食，加强水质管理。鱼病阶段要保持饵料的新鲜、适口，当天投的饵料务必当天吃掉。育肥阶段水温已经下降，可以投足饵料，日夜均可摄食，并施适量的粪肥。

(2)以颗粒饲料为主的饲养方法　投喂颗粒饲料一般是按照“四定”原则，即定时、定点、定质、定量。

(3)以施肥为主的饲养方法　以施肥为主，辅以适量的精饲料。通常适用于以饲养鲢鱼、鳙鱼为主的池塘，方法和数量应掌握少量勤施的原则。

(五)池塘管理

每日早晨和下午各巡塘一次，观察水色和鱼的动态。经常清除池边杂草和池中的杂物，清洗食台并经常对食台、食场消毒。适时注水，改善水质。通常每月冲水 2～3 次，以草鱼为主养鱼的更要勤注水，在饲养早期和后期每 3～5 天加一次水，每次加水 5～10 厘米，7～8 月应每隔 2 天加一次水，入伏后最好天天冲水。如果鱼池载鱼量高，必须配备增氧机。定期检查鱼种的生长情况，及时将个体大的鱼筛出分塘饲养。做好防洪、防逃和防病工作。夏花鱼种下塘前，必须用药物浸浴，通常用 20 毫克/升的高锰酸钾浸泡 15～20 分钟。8 月初和 9 月初每隔 20～30 天用 30 毫克/升的生石灰水全池泼洒。此外，还要做好日常管理的记录。

(六)并塘越冬

秋末冬初，水温降至 10℃左右时，鱼种已基本停止摄食，可以开始拉网、并塘，将鱼种按不同种类和规格进行分类计数，暂养在较深的塘中过冬。

并塘时要注意应在水温 5～10℃的晴天拉网捕鱼，拉网前应停食 3～5 天，选择背风向阳、面积 2～3 亩、水深 2 米以上的鱼池作为越冬池，通常 10～13 厘米的鱼种每亩可放养 5 万～6 万尾。越冬池的水质应保持一定的肥度，并及时做好投饲和施肥工作，一般每周投饲1～2次。

三、鱼苗和鱼种的运输

(一)准备工作

(1)制定运输计划 选择运输方式、交通工具、装运密度、运输路线和起运时间,并配备人员资金。

(2)准备好运输工具 准备和检查好所需的鱼篓、帆布桶、木桶、塑料袋等运输容器。

(3)鱼苗、鱼种的锻炼 鱼苗需在鱼苗箱中暂养2～4小时,清除脏物和死鱼苗。鱼种须拉网锻炼2～3次,排空体内的粪便,加强对运输途中条件的忍耐能力。注意胡子鲇属的鱼苗、鱼种不宜吊水锻炼,否则会由于饥饿而互相咬噬,极易引起受伤感染而死亡,所以只需在运输前3～4小时停食即可。

(4)运输用水的准备 运输用水必须清新无毒,水中有机物含量低,溶氧高。井水须充气增加溶氧才能使用,自来水须先注入水泥池中2～4天或充气12～14小时后使用。

(二)运输方法

(1)封闭式 将鱼和水置于充氧封闭的容器中运输的方法,目前大多用塑料袋(特制)作为运输器具,规格一般为70厘米×40厘米,容积为20升(图6 1),也可自己设计制作,但不宜过大。该方法的优点是:体积小,重量轻,便于携带和运输,灵活机动;袋体光滑,

图6-1 鱼苗运输袋

鱼苗和鱼种在袋内不易擦伤;可运输的密度大;清洁干净等。缺点

是:大规模的运输较困难;易破损;常温下运输时间短,不超过 30 小时。针对其缺点,目前一般采取的措施是:加水量不超过袋容量的 2/5,降低装袋密度,保持运输水温在 18℃以下,双袋套用等。

(2)开放式　将水和鱼置于敞开的容器中运输,主要有帆布桶、木桶、活鱼箱等。其优点是:可随时检查鱼苗、鱼种的运输情况并可以在发现问题时及时抢救,运输成本低,运量大,容器可反复使用。缺点是:运输用水量大,劳动强度高,鱼体易受伤,装运密度低,运输的成活率低。改进措施:选择体质好的鱼苗、鱼种,加强锻炼;用好的运输用水,合适的装运密度;低温运输;加强运输途中的管理。

第七章 成鱼养殖

成鱼养殖是将鱼种养殖至可食用的商品鱼规格大小的过程。

一、鱼种放养

鱼种是养鱼的物质基础，是获得高产、高效养殖的前提条件，生产上对鱼种的要求是：数量充足，规格合适，种类齐全，体质健壮，无病无伤。

(1)鱼种来源 一般养殖所用的鱼种应由本单位生产，就地供应，这样鱼种的规格、数量和质量才能够得到保证，而且降低了成本。鱼种的来源主要有两个途径：鱼种池专池培育和成鱼池套养。成鱼池套养是将同一种类的不同规格的鱼种按比例混养在成鱼池中，经一段时间的饲养，将达到可食用规格的鱼捕出上市，并在养殖过程中随即补放小规格的鱼种，随着生长，各种规格的鱼种长大，供成鱼池放养用。

(2)鱼种放养时间 提早放养鱼种是争取高产的措施之一。长江流域一般在春节前放养完毕；东北和华北在解冻后，水温稳定在5～6℃时放养。近年来，北方条件好的池塘将春天放养改为秋天放养，提高了鱼种的成活率，也延长了鱼种的生长期。鱼种放养必须在晴好天气进行。

(3)放养规格 鱼种放养规格根据食用鱼鱼池放养的要求而定。由于各种鱼的生长性能、各地气候条件和饲养方法不同，鱼的生长速度也不同，不同鱼上市规格也不同，所以各地对鱼种放养的规格均不同。如青鱼市场要求的上市规格为2.5千克以上，需放养500～1 000克的2龄或3龄鱼种；鲢鱼、鳙鱼市场要求的上市规格为500～1 000克，则需放养50～150克的1龄大规格鱼种。

二、搭配混养

目前的池塘养鱼多采用池塘混养的方式。池塘混养是根据鱼类的生物学特点，让不同种类和同种异龄鱼类在同一空间和时间内一起生长的养殖方式。在池塘中进行多种鱼类、多种规格的混养，可充分发挥池塘水体和鱼种的生产潜力，合理利用饲料和水体，提高产量。混养首先要根据市场价位、饲料来源、池塘条件和鱼种来源确定主养鱼。

（一）以草鱼为主养鱼的混养类型

对草鱼投喂草类，利用草鱼的粪便肥水，培养浮游生物，养殖鲢鱼、鳙鱼。由于青饲料较容易解决，成本较低，已成为我国普遍采用的混养类型。特点是：①放养大规格鱼种，苗种来源主要由本塘套养解决，一般套养鱼种占产量的15%～20%，本塘鱼种自给率在80%以上。②以投喂草类作为主要饲料。亩净产250千克以下一般只施基肥，不追施农家肥；亩净产500千克以上的，主要在春、秋两季追施农家肥，在7～10月份轮捕3～4次。③鲤鱼放养量要少，放养规格要适当增大。

（二）以鲢鱼、鳙鱼为主养鱼的混养类型

以滤食性鱼类为主养鱼，适当混养其他鱼类，特别重视混养食有机碎屑的鱼类，如罗非鱼、银鲴等。饲养过程中主要采用施农家肥的方法，由于农家肥来源方便，成本较低，养殖周期短，但优质鱼的比例偏低。特点是：①鲢鱼、鳙鱼放养量占60%～70%，产量占60%～70%，其大规格鱼种采用成鱼池套养方法解决。②鲢鱼、鳙鱼鱼种从5月份开始轮捕，1年轮捕6～7次，轮捕后随即补放大规格鱼种，一般补放鱼种数大致与捕出数相等。③以施农家肥为饲养的主要措施，一般池塘较大（10～30亩）。

(三)以青鱼、草鱼为主养鱼的混养类型

该类型的特点是:①青鱼、草鱼放养量相近似。青鱼、草鱼和鲢鱼、鳙鱼的放养量各占 40%~45%,产量各占 30%~35%。②以投喂天然饵料和施农家肥为主,辅以部分精饲料或配合饲料。③同种异龄混养,放养种类、规格多,密度高、重量大。④以套养解决大规格鱼种,成鱼池鱼种自给率 80%以上。⑤6~10 月份轮捕 5~6 次。

(四)以青鱼为主养鱼的混养类型

主要对青鱼投喂螺、蚬类,利用青鱼的粪便和残饵饲养鲤鱼、鲫鱼、鲢鱼、鳙鱼、团头鲂等鱼类。

(五)以鲮鱼、鳙鱼为主养鱼的混养类型

该类型的特点是:①鱼产品要求均衡上市,常年供应,特别是鳙鱼的使用规格大,因此,采用多级轮养法及时提供大规格鱼种。②鳙鱼一般每年可以放养 3~4 次,鳙鱼种在轮捕后放入,通常捕出几尾,补放几尾。③鲮鱼放养密度大,放养规格可分大、中、小 3 个档次,捕捞时依次分期轮捕出塘。④投饲和施农家肥并重。

(六)以鲤鱼为主养鱼的混养类型

该类型的特点是:①鲤鱼放养量占总放养量的 90%左右,产量可占 75%。②北方鱼类的生长期较短,要求放养大规格鱼种。鲤鱼由 1 龄鱼种池供应,鲢鱼、鳙鱼由原池套养夏花解决。③以投喂鲤鱼配合饲料为主,所以养殖成本较高。④近年来,混养类型已搭配养殖异育银鲫和团头鲂等鱼类,并适当增加鲢鱼、鳙鱼的放养量,以充分利用池塘饵料资源,提高经济效益。

(七)混养模式的设计

混养模式虽然各不相同,但基本都应遵循以下原则:①每种混养模式均有 1~2 种鱼类为主养鱼,同时适当搭配几种其他鱼类。②充分利用饵料,提高池塘生产力和经济效益。滤食性鱼类与非滤食性鱼类数量的合理搭配,在亩净产 500~1 000 千克时,比例

以(40%～45%)：(55%～60%)为好。③一般上层鱼、中层鱼和底层鱼之间的比例以(40%～45%)：(30%～35%)：(25%～30%)为好。④鲤鱼、鲫鱼和团头鲂的生产潜力较大，在出塘规格允许的情况下，可适当增加放养尾数。⑤同样的放养量，混养种类多比混养种类少的模式稳产高产的把握性更大。⑥应配备足够数量的大规格鱼种，供年初放养和生长期轮捕轮放用，适当提前轮捕季节和增加轮捕轮放次数，使池塘载鱼量始终保持在最佳状态。

(八)放养密度

在一定的范围内，只要饲料充足，水源水质条件良好，管理得当，放养密度越大，产量越高。

1. 饲料是提高产量的基础

对主要摄食投喂饲料的鱼类，密度越大，投喂饲料越多，则产量越高。

2. 水质是限制放养密度的主要因素

在一定的范围内，放养密度越高，净产量越高。超出一定的范围，尽管饲料供应充足，也很难收到增产效果，甚至会导致不良的结果，主要的原因就是水质因素的限制。放养密度过大，整个放养群体耗氧总量增加，而水体溶氧量有限，所以池鱼处在低氧或缺氧的状态下，大大限制了鱼的生长。此外，缺氧条件下，水体中的有机物质产生大量有害物质，如氨、硫化氢等，对鱼体造成损害。

3. 决定放养密度的依据

在能养成商品规格的成鱼或能放养适宜规格的鱼种的前提下，可以达到最高鱼产量的放养密度即为合理的放养密度。合理的放养密度应根据池塘条件、鱼的种类和规格、饲料供应和管理措施等情况来确定。

(1)池塘条件　有良好水源的池塘和配套设施较好的池塘，其放养密度可适当增加。

(2)鱼的种类和规格　混养多种鱼类的池塘，放养量可大于单一种类的池塘。

(3)饲料和肥料的供应量　如饲料和肥料充足，放养量可适当增加。

(4)饲养管理措施　养殖技术水平较高，实行轮捕轮放，放养密度可适当增加。

三、轮捕轮放

轮捕轮放是根据鱼类生长情况，到一定时间捕出一部分达到商品规格的成鱼，再适当补放鱼种，以提高池塘经济效益和单位面积的鱼产量。

(一)作用

(1)有利于加速资金周转　一般轮捕上市鱼的收入可占养鱼总收入的40％～50％，有利于加速资金周转，降低成本。

(2)有利于鱼类生长　饲养前期，鱼体较小，活动空间大，为充分利用水体，年初可多放些鱼种。随着鱼体长大，采用轮捕轮放及时稀疏密度，使池塘容纳量始终保持较高的水平。

(3)可提高饲料的利用率　用轮捕轮放控制各种鱼类生长期的密度，以缓和鱼类之间在食性、生活习性和生存空间方面的矛盾，使鱼池混养的种类、规格和数量进一步增加，充分发挥池塘中“水、种、饵”的生产潜力。

(4)实现稳产高产　池塘轮捕轮放有利于培育优质的大规格鱼种，为稳产高产奠定基础。适时捕捞达到商品规格的食用鱼，可使套养的鱼种迅速生长，培育成大规格鱼种，满足成鱼养殖的需要。

(二)条件

年初放养数量充足的大规格鱼种，各类鱼种规格齐全、数量充足，同种规格鱼种大小均匀，不同规格的鱼种个体大小差别要明显，饲料、肥料充足。

(三)方法

(1)捕大留小　放养不同规格或相同规格的鱼种,饲养一定时间后,分批捕出一部分达到使用规格的鱼类,而让较小的鱼留池继续饲养,不再补放鱼种。

(2)捕大补小　分批捕出成鱼后,同时补放鱼种或夏花。这种方法产量比第一种高。补放鱼种,视规格大小和生产目的,或养成食用鱼,或养成大规格鱼种,供第二年放养。

(3)注意事项　轮捕轮放时间一般在夏、秋季,要求在水温较低,池水溶氧较高、能见度好的时候捕捞。一般以晴天上午7:00～9:00为好,当发现鱼有浮头时,严禁拉网,傍晚不能拉网。捕捞后,鱼体经受刺激而分泌大量黏液,加上翻动底泥,造成耗氧量明显上升,此时必须立即加注新水或开增氧机。

四、施肥与投饲

在如今的密养条件下,使鱼类在养殖过程中得到充足的食物而正常生长,就必须大量合理地投喂饲料和施肥,这是获得高产渔业的最根本的技术措施之一。

(一)施肥

施肥主要是通过增加水中营养物质、矿物质元素、细菌及有机碎屑等的含量,促进池塘中微生物和浮游生物的生长繁殖,从而增加鱼类的天然饵料。

(1)施肥原则　在施肥季节多采用“抓两头,带中间”的原则,以农家肥为主,化肥为辅,有机肥(农家肥)为基肥,在早春和晚秋作为追肥。有机肥是培育优良水质的基础,但在高温季节要慎用或最好不用,因为易恶化水质。在鱼类的生长季节,由于浮游植物的大量消耗,水中有效磷含量较低,氮、磷比例失调,所以,要施用无机磷肥,从而调整氮、磷比例,促进浮游植物的生长,提高鱼池生产力。

(2)施肥方法 农家肥要重施基肥,轻施追肥。追肥要少量多次,少施勤施,一般在春、秋季节选择晴好天气全池泼洒。农家肥必须发酵腐熟后施用。施磷肥时,要先使之溶于水中,充分溶解,选择在晴天上午 9:00～10:00 全池均匀泼洒。

(二)投饲

1.投饲量的确定

为了做到有计划的生产,保证饲料及时供应,做到根据鱼类生长需要,均匀、适量地投喂饲料,必须在年初规划好全年的投饲计划。根据往年的饲料投喂数量和经验、全年的放养量、规格和养殖时间,确定一年投喂的饲料总量。在前 1 个月要根据养殖计划估算出下个月大致的饲料用量。

投饲量主要根据水温、水色、天气和鱼的摄食情况而定。①水温:10℃以上可以投喂易消化的精饲料,15℃以上可以投喂嫩草、轧碎的贝类,20℃以上投喂的精饲料可占体重的 2.5%～3.0%,30℃以上投喂的精饲料可占体重的 3%～5%,在鱼病和梅雨季节要适当减少投喂量。②水色:以黄褐色或油绿色为好,可正常投饲,如水色过浓变黑,表示水质变坏,应减少投饲,加注新水。③天气:天气晴好,多投;阴雨天,少投。④鱼类的摄食情况:每天检查食场,了解鱼的摄食情况,根据每日的摄食情况制定适合的投饲量。

2.投饲方法

投饲方法与前面鱼种的投饲方法相同,采用“四定”原则。必须注意的是:为了降低饲料成本,充分发挥饲料的生产潜力,应该坚持做到在整个养殖过程中连续不断地投喂足够数量的饲料。特别是在鱼类的主要生长季节,应该坚持每天投饲,并保证鱼类能够摄食均匀。

五、日常管理

(一)日常管理的基本要求

(1)水质要保持肥、活、爽 水中的浮游生物量多,有机质和营养盐类丰富。水色经常变化,表明浮游植物优势种交替出现,特别是鱼类容易消化的浮游植物数量多,出现频率高。池水透明度在25～40厘米,溶氧条件好。

经常及时地加注新水也是培育和控制优良水质不可缺少的措施。加水的主要作用有:增加了鱼类活动的空间;增加了池水的透明度,增大了浮游植物的光合作用,从而增加溶氧;再就是可以直接增加水中的溶氧。

(2)投饲要求均匀、质优、充足 一年中应连续不断地投喂足够数量的饲料,且投饲量不宜变化过大,饲料的质量要达到标准。投饲量要适当,在规定的时间内鱼能将饲料吃完,不使鱼过饥或过饱。做好这几条对保证良好的水质具有重要的作用。

(二)日常管理的基本内容

与鱼种培育的日常管理基本相似,早、中、晚巡塘,观察鱼的动态;做好清洁卫生工作;根据天气、水温、季节、水质、鱼的生长摄食情况确定投饲、施肥情况;掌握好池水的排、注,保持适当的水位;做好管理记录和统计分析,最好每口池塘都有自己的管理日记,对各个鱼种的放养,成鱼的收获情况,投饲、施肥情况及水质变化和病害发生情况都有相应的记录在案,以便于以后对生产情况进行详细的统计分析。

(三)鱼浮头和泛池对策

鱼池尤其是精养鱼池由于池水有机物多,耗氧量大。当水中溶氧降到一定程度时,鱼类就会因水中缺氧浮到水面,俗称浮头;缺氧时间过长,鱼类会窒息而大批死亡,称为泛池。

1.预测

(1)根据天气情况进行预测　容易浮头的天气情况主要有:①夏季晴天傍晚下雷阵雨时;②夏、秋季晴天白天吹南风,夜间吹北风时;③连续的阴雨天;④久晴未雨,而一旦天气转阴时。这4种情况下都比较容易发生浮头现象,在养殖中要多加注意。

(2)根据水色进行预测　池塘水色浓,透明度低,或产生“水华”时都容易造成鱼类浮头。

(3)根据鱼的摄食情况进行预测　食场的饲料在原来的时间内没有吃完,而且没有鱼病情况,说明池塘溶氧条件差,第2天有可能发生浮头。

有条件的养殖场可以经常用溶氧检测仪器检测溶氧的浓度,一般溶氧低于2毫克/升时便容易发生浮头现象,应及早做好准备。

2.防治

如发现上面的征兆时,可采取以下方法预防:①如夏季天气预报傍晚有雷阵雨,则在中午开增氧机;②天气连阴,则应经常开增氧机充气;③水质过浓,应及时注入新水;④鱼吃食量减少,则停止投喂,并将投的草类捞出。

发生浮头时应及时采取增氧措施,如增氧机或水泵不足,应根据各池鱼类浮头情况的轻重,先重后轻。一般如果水温在22～26℃时开始浮头,可拖延2～3小时不会发生危险,水温在26～30℃时开始浮头,1小时后应立即采取增氧措施。用水泵加水时,水流应平出水面,水流冲得越远越好,在抢救中,切勿中途停机、停泵,否则会加速浮头死亡。另外,可用复方增氧剂(成分为过碳酸钠和沸石粉),含有效氯12%～13%,使用时将药粉直接撒在鱼类浮头最严重的水面,每次用量为每亩4～6千克,一般半小时可平息浮头,有效时间可保持6小时。

当已经发生泛池时,圆筒体型的青鱼、草鱼、鲤鱼大多搁浅在池边浅滩处，侧扁体型的鲢鱼、鳙鱼、团头鲂等鱼体与水面角度变为45°～60°，此时若鱼受惊，就容易挣扎入池中而死。因此，此时要严禁喧哗，人最好不要走近池边，也不必去捞死鱼，以防其受惊。只有待开机开泵后，才能捞取个别未死的鱼，将之放入溶氧较高的清水中抢救。通常池鱼窒息死亡后，浮在水面一会儿即沉入水底，此时如果马上捞起，仍可以食用，所以在渔场已经发生泛池时应该有一部分人开始准备死鱼的销售工作，以挽回部分损失。

3. 合理使用增氧机

增氧机是一种可以比较有效地改善水质、防止浮头的专用水产养殖机械，主要有增氧、搅水和曝气3个作用（图7-1）。必须针对不同天气引起缺氧的主要原因，根据增氧机的作用原理合理使用增氧机。

图7-1　工作中的增氧机

在鱼类主要的生长季节，必须抓住每一个晴天，坚持在中午开增氧机，充分利用上层水中过饱和氧气来改善水质。阴天、阴雨天要主动在鱼类浮头之前开机。要注意在晴天傍晚、阴天和阴雨天中午开机，不仅不会增加下层溶氧，反而会加速鱼类的浮头。

增氧机的开启时机和运转时间的长短不是绝对的，它同气候、水温、池塘条件、投饲施肥量、增氧机的功率大小等都有关系。应该结合当时的具体情况，根据池塘的溶氧规律，灵活掌握，合理使用增氧机。

一般来讲，开增氧机的原则是：晴天中午开，阴天清晨开，连绵阴雨半夜开，傍晚不开，浮头早开，鱼类主要的生长季节坚持每天开。开机的时间：半夜开机时间长，中午开机时间短；天气炎热、面积大或负荷水面大时开机时间长，天气凉爽、面积小或负荷水面小时开机时间短。

六、商品鱼的捕捞

目前按照我国的池塘养殖，一般九十月份或再晚些时间，成鱼大部分已经达到商品规格，对实行精养高产的成鱼池来说，此时的载鱼量已经达到饱和状态，应陆续捕捞上市。

(1)捕捞准备　捕捞前一天应停食或减少投饲量，切忌为增加上市鲜鱼的体重而大量投喂精料。因为鱼儿饱食后耗氧量增大，捕时受惊跳跃、逃窜，容易引起伤亡。捕前一两天，还应清除池塘中的残渣剩饵，以及漂浮在水面的各种杂物、废物，检查捕捞器械有无破损。

(2)捕捞时间　捕捞时间要选择在晴天、鱼不浮头的黎明前后。这时捕捞对池鱼的影响最小，又能及时将捕起的鲜鱼供应早市。阴雨、闷热天气和池鱼有浮头或有鱼病发生等情况时，不宜拉网捕鱼，以免引起大量死鱼，造成不必要的经济损失。

(3)捕捞方法　根据不同的养殖种类及具体的养殖条件采用不同的捕捞方法，目前常用的主要是拉网捕捞和干塘捕捞。对于面积较大、鱼较密的池塘，不宜全池捕捞，以捕捞半池或池的一部分为宜。因为此时水温较高，鱼活动力强，耗氧量大，不耐密集，围拢的鱼太多，易引起伤鱼、死鱼。拉网操作要迅速、谨慎，尽量减少声响，以免惊动池鱼。把鱼围拢后，应先迅速而轻快地将网中尚未达到商品规格的小鱼拣回原池，再拣上市的大鱼，谨防小鱼因密集挤压而受损伤或窒息死亡，导致经济损失。

(4)捕捞之后的管理　捕后的池塘，鱼活动加剧，耗氧量增大，且在捕时搅动了池底淤泥残渣，底部有机物质翻起，加快了氧化分解速度，也大大增加了耗氧量，故而池水的溶氧会迅速降低，极易引起池鱼缺氧浮头，需要及时充注新水或开动增氧机增氧，并可全池泼洒生石灰消毒杀菌，调节水质，以确保鱼儿安全，谨防发生不测。

(5)注意事项　收网地点应选择在水较深，塘泥少的位置，以免捕捞时搅动塘底淤泥，翻起底部有机物质，加快其氧化分解速度，增加耗氧量，使塘水的溶氧迅速降低，引起塘鱼缺氧浮头。

在把鱼捕起后，若发现上网的鱼太多，暂养网不能完全容纳时，要及时将网稍稍放开，让部分鱼游回原塘。

若在池塘中套养有鱼种，应选择网目较小的渔网捕捞，或连接鱼种网进行捕捞，收网、集鱼用鱼种网，因为大网目渔网容易伤鱼。鱼数量多、产量高的池塘，不宜放水过浅，也不宜全塘捕捞，以捕捞半塘为宜，当围拢的鱼太多时，耗氧量大，很容易引起缺氧死亡。拉网行进时动作要稳健而匀速，尽量靠边，以提高捕获率。

七、商品鱼的运输

运输是成鱼养殖中的最后一个环节，一般来讲，产地的商品鱼大都要经过运输运到市场或外地销售才能实现其商品价值。因此，运输的成败直接关系到养殖户的经济利益。目前商品鱼运输主要有以下几种。

(1)短距离的活鱼运输　一般由农村或城郊直接运往城市，路途不远。可用汽车、拖拉机、马车运输。车厢用钢制或木制的撑架，帆布篓固定其上，有圆形、方形两种，容积一般为 0.5～0.8 米^3。若用 4 吨的汽车可装篓 6～8 个，每篓能装水 250～400 千克。也可以将大苫布四边吊起装运，或使用活鱼运输箱以及活鱼运输车。运鱼的适宜水温以 6～15℃较好，可用井水或加冰袋降温，注意温差不能超过 5℃。帆布篓可装活鱼 50～75 千克，若篓内套上大尼龙袋密封充氧的话，可多装鱼 20～40 千克，一般存活率可达 90%以上。如运输罗非鱼或鲤鱼还可以多装些。这种运输方法成本虽然较高，但依目前城市的活鱼价格完全可以补偿。

（2）活体麻醉运输　用药物将鱼麻醉，使呈昏迷状态，不能游泳和跳跃，呼吸频率减慢，代谢降低，耗氧减少，可以大密度长途运输活鱼。选用药物的原则是：对鱼药效高，对人无害；易缓解苏醒；价廉易购；使用方便，易溶于水；低温下有效。在活鱼运输中已使用的麻醉剂种类，以鱼用镇静剂 MS-222 运输效果最好。

（3）活鱼干法运输　如果市场上活鱼畅销（或脱销）、节假日急需组织活鱼货源时，可采用干法运输。干法运输适用于短途调运（6 小时内），原则是通风、避高温、避曝晒、避免过度挤压。盛鱼容器用木条箱或柳条筐等，内铺水草或浸湿的软草，放一层鱼，铺一层水草或湿草，最后顶上要加盖。途中要经常淋水，夏季高温时，有条件的可以加冰降温。

（4）无水低温休眠法运输　活鱼的活动量和呼吸量在 5℃状态下迅速减少，即使没有水也能长时间生存。使用传热元件的集装箱，通过电流流入半导体而获得冷却效果，使用微小的电流便能工作，而且可以连接在卡车的电瓶上使用。活鱼“无水运输”使原有的活鱼运输系统小型化、轻量化，运输时间增加，为船舶或飞机运输活鱼出口提供了新的手段。

(5)注意事项

①启运前1～2天应停止投饲,拉网锻炼,以增强体质,减少运输中粪便、黏液等排泄物对袋内水质的污染;也可采用软质尼龙线网制作的网箱暂养锻炼,注意尽量避免在锻炼期间碰伤鱼体。网箱暂养以不超过20小时为限,一般长途运输暂养12小时,短途运输暂养6～8小时。

②运输用水要求水质清新,无污染。可采用水中溶氧量高、有机物少的清水或经曝气的自来水,并注意保持水质清洁,途中应及时清除鱼的排泄物和死鱼,适当加注新水,以防止微生物的滋生和交叉污染。

③装运活鱼容器的内壁要光滑,以免在运输过程中因车、船震动碰伤鱼头、鱼嘴,甚至将鱼撞死。

④装运活鱼的容器必须专物专用,并在装鱼前洗刷干净。不得用装运活鱼的容器运有毒物、化学药品以及有油污的物品。

⑤每个装载容器内放的活鱼不可过多,以防鱼因缺氧而窒息死亡。一般来说,除麻醉运输法外,装1吨水的容器,在夏季可装活鱼50千克,春、秋季可装活鱼100千克,冬季可装活鱼125～150千克。

⑥刚产过卵的活鱼体质较弱,切勿长途运输;体表失去黏液的鱼也不宜运输。

⑦运输时的水温应力求低些,因为在一定温度范围内,温度升高10℃,鱼体呼吸耗氧量增加2～3倍,所以,应在符合鱼类生活习惯的温度范围内,尽量降低水温。这样,不仅可以降低鱼的呼吸,增加水中的溶氧含量,还有利于减少微生物的污染和水中二氧化碳含量。

⑧用汽车敞口运输活鱼时,应在装载窗口上加网盖,以防活鱼跳出水面脱水死亡或掉在车外造成损失。

八、其他的养殖方法简介

(一)鱼、青虾混养

实施无公害鱼、虾混养可以提高鱼、虾质量安全水平。青虾养殖方式简单,成本低。

1. 改造池塘条件

鱼虾混养池面积以0.2～0.3公顷为宜,水源充足,水质良好,水深1.5～2.0米,以沙质底的塘口为好,淤泥不超过10厘米。严格抓好清塘关,对老塘进行整修、冻晒、杀菌,加速有机质氧化分解,减少药物使用。清塘药物采用生石灰、漂白粉等高效、低毒、低残药物。塘中留有集虾沟,另外在塘口四周种植1～2米宽的水草带,如水花生、伊乐藻、苦草、轮叶黑藻等,种植面积占池面的10%～20%。这既可为青虾提供良好的栖息、隐蔽环境,又可起到净化水质的作用。为了提高经济效益,也可栽插水蕹菜。

2. 改进放养结构

渔农多以放养抱卵虾为主,自繁自育自养,造成几代同池,规格差异大,产量不高,效益低。所以,可以改1茬为2茬虾养殖,改过去粗养为精养,改放抱卵虾为暂养培育的虾苗。鱼、虾混养主要有3种方式:7月份放1.5厘米左右的虾苗22.5万～30万尾/公顷,11月份虾可达4厘米以上;秋、冬季放2.5～3.5厘米的幼虾45千克/公顷,第2年6月产量可达150～300千克/公顷;4月下旬至5月中旬,选购抱卵虾45千克/公顷,春节前可上市成虾225千克/公顷。

3. 改变放养规格,调整放养密度

鱼虾苗种应选择体质健壮、规格整齐、无病无伤、无畸形的苗种,以放鲢鱼、鳙鱼、鲫鱼为好。鱼产量控制在3 000～4 500千克/公顷为宜。调整放养密度能充分利用水体生物链,保持水体理化因子平衡,有效实行健康养殖、清洁生产。青虾放养密度过高,往往形成相互竞争，易造成整体上市规格低；青虾放养密度过低，水体利用率差，产量低。具体放养密度要根据养殖模式而定，一般控制在22.5万～45万尾/公顷。改放2.5～3.5厘米大规格虾苗，也可以促进青虾生长，提高商品虾规格。

4.加强管理

饲养期内，要根据水色和透明度适时加注新水，排出老水。可施入适量有机肥和生石灰来调节水质，保持水质。在晴天中午、阴雨天、雾天，应开启增氧机，防止缺氧泛池。在机械动力缺乏的情况下，可使用鱼浮灵等增氧剂。投饲要掌握“四定”（定点、定时、定质、定量）、“四看”（看季节、看天气、看水色、看鱼的活动情况）原则。常用饲料有豆饼、菜籽饼、麸皮、配合饲料、轧碎的螺蚌肉等，投饲量控制在吃食鱼体重的5%～8%。以鱼为主的鱼、虾混养池一般不专门给青虾投饲，可在饲养的中、后期适当投喂动物性饲料，投饲量控制在池虾体重的3%～5%。

5.预防疾病

遵循“预防为主，防治结合”的原则，坚持以生态防治为主，药物防治为辅，积极采取清塘消毒、种植水草、自育种苗、科学投饲、调节水质、调控水位等措施，达到不生病或少生病，不用药或少用药的目的。使用的药物主要有生石灰、二氧化氯、强氯清、抗生素和中草药等。高温季节必须做好防缺氧浮头的工作。勤加水、换水是预防浮头泛池的重要措施。

6.做好适时起捕上市工作

长年适时捕捞，捕大留小，使池塘载鱼量保持最佳状态。经过2个月的饲养，青虾可达上市规格。长年捕捞上市，既可以降低养殖密度，促进小规格虾生长，又可以提高虾池产量。分期捕虾，一般采用地笼起捕，每次起捕连续作业5～6天。12月份后虾进入越冬期，可用抄网或拖网捕青虾。

(二)鱼、蟹混养

目前,养殖户多采用的是河蟹池中套养鳜鱼的养殖方法。

1.养殖池塘的准备

①池塘清整:包括池埂修复、清淤、消毒,四周用石棉瓦等围栏作防逃墙。②培肥水质:以培育前期的基础饵料,用腐熟的有机肥加少量生石灰,堆在水深30～40厘米处,上面用底泥封盖,让其在池中慢慢释放。③移植水草:增加河蟹隐蔽场所和作为植物性饵料,种类包括苦草、轮叶黑藻、伊乐藻、水花生等,水草覆盖面积要达池塘总面积的60%～70%。④投放螺蛳:作为河蟹的天然饵料和净化水质,在清明前每亩水面投放鲜活螺蛳250千克。

2.苗种放养

蟹种于2～3月间放养,规格160只/千克左右,密度为每亩300～500只;鳜鱼于6月底放养,规格为6～9厘米的当年夏花,密度为每亩15～30尾。同时放养规格为2～3厘米的青虾虾种,密度为每亩3千克,于6月放养2厘米左右的异育银鲫和鲢鱼、鳙鱼夏花,密度为每亩1千克(作为鳜鱼饵料),并能收获一定数量的成虾和鱼种。蟹种用25毫克/升福尔马林浸浴30分钟,鱼虾种用3.5%食盐水浸浴10分钟后下池。

3.饲料投喂

①饲料种类:饲料有玉米、小麦、菜籽饼、南瓜等植物性饲料,淡水野杂鱼、螺、蚌、冰鲜海鱼等动物性饲料,以及人工配合饲料。②投喂原则:荤、精、青饲料合理搭配,根据生长阶段、季节、天气等因素灵活掌握投饲量,保证吃足吃好,忌忽饱忽饥。③投喂方法:掌握"四定"、"四看"的投饲方针,采取池边定点投喂与全池散撒相结合。

4.水质调控

①水质要求:透明度30～50厘米,水色以清爽的黄绿色最好,溶解氧5毫克/升以上,pH值为7～8,氨氮不超过0.2毫克/升,

亚硝酸盐 0.02 毫克/升以下。②水位:坚持“前浅、中深、后勤”的原则,即前期保持浅水位,以提高水温,促进蜕壳;中期特别是炎热的夏、秋季保持深水位;后期勤换水,始终保持水质清新,溶氧充足。③加水换水:水位过浅时,及时加水;水质过浓时,及时更换新水,尤其是夏、秋季保持勤换水。

5. 注意事项

(1)挑选翘嘴鳜为混养品种　鳜鱼的种类较多,翘嘴鳜和大眼鳜的生长速度相差很大,在选购苗种时,养殖者必须认清两者的区别,宜选择翘嘴鳜为混养对象。其区别:翘嘴鳜眼小,眼为头长的 1/6,且体高而侧扁,背部隆起,呈菱形,似鳊鱼;大眼鳜眼大,眼为头长的 1/4。

(2)苗种运输操作要求严格　鳜鱼苗种尤其是夏花运输,时值高温,耗氧量高,稍有疏忽即易引起苗种死亡,如果运输途中缺氧浮头,放养成活率极低,甚至全军覆没。因此,应视运输鳜鱼的规格、数量和距离远近,选用装载容器(氧气袋、帆布桶等)、运输工具和相应的运输手段,操作时要特别谨慎。

(3)根据饵料鱼确定混养数量　鳜鱼性凶猛贪食,在饵料不足或不适口时有同类残食现象。所以在鳜鱼苗种放养前,应对混养池中的饵料鱼数量进行调查分析,如野杂鱼数量较少,则应先在池中引进野杂鱼或家鱼夏花。且要考虑饵料鱼的规格,要求饵料鱼为在池鳜鱼长度的 2/5～3/5。

(4)保持优良水质　鳜鱼对溶氧要求较高,其窒息点是鲢鱼、鳙鱼等的 3.1～12.5 倍。因此,混养鳜鱼的蟹池要求水质清新、溶氧充足,蟹池中要保持一定量的水草,既可吸附水中的有机质,降低水的肥度,又可供鳜鱼隐蔽。生长季节要经常加注新水,高温季节要勤换水,如能保持微流水则更佳。

(5)用内服药物防病治疗很难　鳜鱼生活在水底,患病初期不易被发现,且终生以活鱼为食,用内服药物防病治病操作很难,同时鳜鱼对一些常用药物极为敏感,如敌百虫等药物对鳜鱼的安全浓度极低。因此,采取苗种放养前彻底清塘消毒,营造良好的生活环境条件,定期泼洒低浓度的生石灰液,使用光合细菌、EM 菌等生物制剂等生态防治措施。

(三)鱼、鳖混养

池塘鱼、鳖混养,由于池塘面积大,池水深,且在野外自然气候条件下,所以养鳖环境就较单养的工厂化温室和精养的小水泥池好。养成的鳖,无论在外形、体色、味道及营养价值上,都类似于野生鳖,颇受消费者的喜爱。

1.池塘要求与建造

根据鳖的生活习性,池塘要求选择在环境安静,水源清洁,排灌方便,背风向阳的地方。大小在 4～10 亩,水深 2～2.5 米,池底淤泥厚 20～30 厘米,并用泥浆夯平整。池塘四周砌 50 厘米左右高的防逃墙,防逃墙一般要求向地下埋 30 厘米,而不能只设地面部分。墙顶用砖砌成向池内出檐 15 厘米,墙上设 50 厘米高的内倾式防逃防盗塑料网。为解决鳖、鱼分食问题,池中设拱形食台,一般 1～2 亩水面设置一个。这种食台用于投喂鳖的饲料,而鱼无法上食台摄食。池边设置一个露出的沙洲,或在池中设一人工小岛便于鳖上岸活动,即"晒背"。

2.苗种放养

鱼池在放养前 10 天每亩用生石灰 70～80 千克化水全池泼洒消毒。鱼种于 2～3 月份开始放养,一般在 3 月底前放养结束,平均每亩放养 120 千克左右,其中鲢鱼、鳙鱼占 60%,草鱼、鳊鱼占 40%。实践证明,鱼、鳖混养时,鲤鱼、鲫鱼会跳上食台与鳖争食,不仅影响鳖的摄食,而且浪费了饲料,故不宜放养。另外,青鱼也不宜放养。鱼种放养时用 3%～5%食盐水或 10 毫克/升漂白粉溶液浸洗消毒。5 月下旬至 6 月上旬放养幼鳖,平均每亩 70 只 15 千克左右,规格为 200～250 克/只。放养的幼鳖要求规格整齐,体质健壮，反应敏捷，行动迅速，裙边和背甲宽厚，无损伤、病害，体色鲜亮有光泽，腹甲及四肢基部以淡黄色为好。放养时用20毫克/升高锰酸钾浸洗鳖体5～10分钟，以减少疾病的发生。

3. 饲养管理

(1)投饲　由于幼鳖放养量不大，因而可以充分利用池塘中的天然饵料，适当增投部分人工饲料，主要有螺蛳、鲜小杂鱼、蚯蚓、畜禽屠宰加工下脚料或部分人工配合饲料，少量搭投一些瓜类、蔬菜，饲料投喂在拱形食台上，于每天日落前的傍晚投喂，一天一次。经验表明，以投人工搭配的混合性饲料效果最好。

(2)补钙和消毒　鳖生长发育对钙质的需要量较多，需投放适量生石灰。在鱼、鳖生长的旺季，每隔30天投放一次生石灰，每亩30千克左右，既可满足鳖、螺的需要，又能改善水质。由于鱼类对药物的耐受性较差，在施放生石灰及漂白粉消毒时，应考虑到鱼的耐受能力。一般生石灰浓度不超过30毫克/升，漂白粉浓度不超过1.5毫克/升。

(3)水质管理　用江、河、湖天然水源培育，使池水呈茶褐色、绿褐色，透明度在25～35厘米之间，pH值在7～8.5之间。一般7～10天加水一次，每次加水20～30厘米，夏秋高温季节每2～3天加水一次。由于鳖、鱼混养密度大，水质肥浓，遇到气候反常，气温、气压急剧变化时，池水上、下对流，底层浊水上翻，导致鳖感觉不舒适，从而减少活动量。池水溶氧量下降，鱼类就会因缺氧而浮头，严重时造成死亡。因此，气候异常的情况下，要及时注入新水。平时(夏季)应增开增氧机，防止鱼类浮头后行动迟缓而遭鳖的袭击。

(4)巡塘　由于鳖喜静，因此除早、晚正常巡塘外，尽量少到塘边走动，特别是晴天中午鳖正在晒背时，巡塘应轻走细看。巡塘时除注意观察鱼、鳖的摄食、生长情况外，还要注意防逃墙底部有无捣洞，进、出水口的栅栏有无损坏。消灭蛇、鼠等敌害生物，做好防逃、防台、防盗等工作。

4.起捕

鳖从10月下旬就可以开始起捕上市,至11月底左右起捕结束,个体重量达到500～650克,回捕率达90%。成鱼每亩可捕600～700千克。

第八章　病害防治

一、鱼病的预防

由于鱼类是以群栖的方式生活在统一的养殖水体中，一旦发生鱼病，很快就会传染；而且对病鱼的检查、隔离、治疗等都比陆生的家禽、家畜要困难得多，所以，要减少和防止鱼病的发生，提高养鱼的产量，必须以预防为主，注意消灭传染来源，切断传染和侵袭途径，提高鱼体本身的抗病力。

（一）做好池塘清整工作

池塘清整包括修整池塘和药物清塘两个方面，目的是为养殖鱼类创造优良的环境条件，有利于其生长和提高成活率。池塘修整一般在冬天，将池水排干后，挖去过量的淤泥，让池底经较长时间的日晒或冰冻以杀灭病虫害的病原体，使池底土质疏松，加速土壤内有机质分解。经曝晒数日后，再用药物清塘。药物清塘就是利用药物，如生石灰和漂白粉等，杀灭池塘中危害养鱼生产的各种敌害生物，为鱼类创造一个良好的环境条件。

（二）药物预防

(1)食物消毒　养鱼池塘内设置的食场是鱼类集中摄食的地方，未及时清理的食物容易腐败从而导致病原体大量滋生，成为疾病传播的主要场所，在食场周围施放药物，是主动的防病措施之一。一般常用的消毒食场的方法有挂篓和挂袋两种。基本原理是在食场周围悬挂盛有漂白粉的篓或袋子（图 8-1），利用鱼定时到食场摄食之际间接为鱼做全身的药浴。漂白粉的用量可视食场大小、水的深浅而酌情增减，一般宁多勿少。

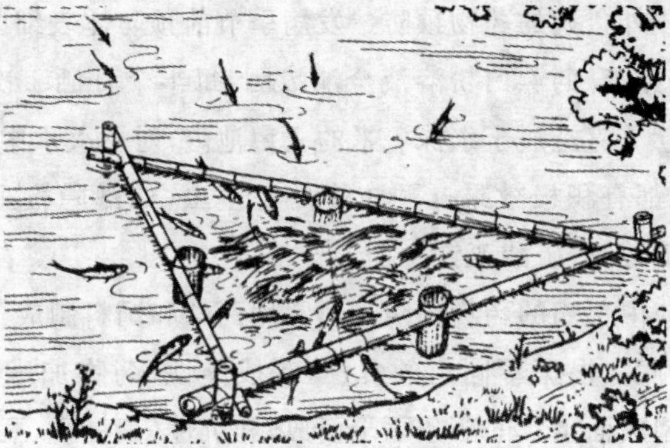

图 8-1　食场挂药袋消毒

(2)鱼种消毒　一般用3%～5%的食盐水、10毫克/升的漂白粉溶液、8毫克/升的硫酸铜溶液、20毫克/升的高锰酸钾溶液对鱼种进行消毒。

(3)工具消毒　鱼池中使用的工具一定要进行消毒,如不注意消毒和分塘专用,则会成为传播鱼病的媒介。凡是在患有流行病或带有病原体的鱼池中捞捕过病鱼或死鱼的工具都要进行消毒后才能另用,所以应该在一池中使用后,先将工具放入10毫克/升的硫酸铜中浸洗5分钟后,再用于别的池塘。大型工具可以在阳光下晒干后再使用。

(4)饵料消毒　动物性饵料如螺蛳等可用清水洗净,挑选鲜活的直接投喂,植物性饵料如水草等可放置于6毫克/升的漂白粉溶液中浸洗20～30分钟再进行投喂,陆生植物不需消毒,肥料如粪肥则要在500千克粪肥中加120克漂白粉,搅拌均匀后投喂。

(三)根据鱼病的针对性预防

大多数鱼病的发生流行都有一定的季节性,了解了其流行规律,在发病之前就可以采取预防措施。

(1)体外鱼病的药物预防　发病季节前预防体表细菌性疾病，常用1毫克/升的漂白粉溶液全池泼洒，每半个月洒1次，用生石灰15～20千克施放于水深1米的1亩池内，对杀灭水中致病菌和改良水质都有积极效果。预防体外寄生虫，如鳃隐鞭虫、车轮虫等，可用硫酸铜、硫酸亚铁合剂。

(2)体内鱼病的药物预防　通常用药拌和饲料制成药饵投喂，以预防鱼病。根据不同鱼的食性，制成浮性(药物加米糠或红薯粉、面粉制成面条状的药条晒干而成)和沉性(菜籽饼、豆饼等加药物)两种。

(3)定期性的药物预防　从资料和实践可以看出，最主要的几种鱼病，如细菌性肠炎、寄生虫性鳃病及皮肤病等，往往都是集中于一定季节或月份严重暴发，都有其一定的规律性，可作为防病的重要根据和参考，及时用药物提前预防，做到无病早防。

(四)免疫预防

采用免疫的方法对用药物难以治疗的病毒性疾病进行预防。鳗弧菌菌苗，疖疮病和烂鳃病的疫苗已经试验成功。草鱼和青鱼的出血病研究也取得了一定的进展。

二、鱼病的治疗

(一)常见的鱼病

常见的鱼病有暴发性出血病、出血病、肠炎、烂鳃病、白皮病、赤皮病、打印病、竖鳞病、水霉病、口丝虫病、黏孢子虫病、小瓜虫病、斜管虫病、车轮虫病、指环虫病、鱼虱病等。

(二)常用的药物及防治对象

经常用来防治鱼病的药物及其使用方法见表8-1。

表 8-1　鱼病常用药物及其防治对象和使用方法

药物名称	使用方法	防治对象
硫酸铜	挂篓法 浸洗法(8 毫克/升) 遍洒法(0.7 毫克/升)	鳃隐鞭毛虫病、颤动隐鞭毛虫病、口丝虫病、半眉虫病、斜管虫病、车轮虫病、杯体虫病、毛管虫病、复口吸虫病、血居吸虫病、青泥苔、水网藻、水螅
硫酸铜硫酸亚铁合剂(5∶2)	挂篓法 遍洒法(0.7 毫克/升)	鳃隐鞭毛虫病、颤动隐鞭毛虫病、口丝虫病、半眉虫病、斜管虫病、车轮虫病、杯体虫病、毛管虫病、大中华蚤病、鲢中华蚤病、狭腹蚤病
高锰酸钾	浸洗法(10～20 毫克/升)	指环虫病、三代虫病、锚头蚤病
敌百虫(90%)晶体	遍洒法(0.2～0.5 毫克/升)	指环虫病、三代虫病、锚头蚤病、鲺病、水蜈蚣、钩介幼虫病
敌百虫(2.5%)粉剂	遍洒法(1～4 毫克/升)	指环虫病、三代虫病、鲺病、水蜈蚣、钩介幼虫病
敌百虫(2.5%)面碱合剂(1∶0.6)	遍洒法(0.1～0.25 毫克/升)	指环虫病、三代虫病
敌百虫粉剂硫酸亚铁合剂(1.2∶0.2)	遍洒法(1.4 毫克/升)	中华蚤病
鱼安	遍洒法(0.3～0.4 毫克/升)	白头白嘴病、烂鳃病、肠炎、赤皮病
食盐	浸洗法(2%～2.5%，5～20 分钟)	烂鳃病、白头白嘴病、车轮虫病、斜管虫病、口丝虫病
食盐小苏打合剂	浸洗法、遍洒法	水霉病、竖鳞病
漂白粉	挂篓法、浸洗法(5～10 毫克/升) 遍洒法(1 毫克/升)	白头白嘴病、白皮病、打印病、赤皮病、烂鳃病、疖疮病、竖鳞病、肠炎、鳃霉病
生石灰	遍洒法(15～25 毫克/升)	出血病、红鳍红鳃盖病、白头白嘴病、赤皮病、烂鳃病
磺胺甲基嘧啶	口服法(10 克/50 千克鱼,6 天)	弧菌病
磺胺嘧啶	口服法(0.2 克/50 千克鱼,6 天)	金鱼竖鳞病

续表 8-1

药物名称	使用方法	防治对象
土霉素	浸洗法(25 毫克/升,30 分钟)	白皮病
金霉素	浸洗法(12.5 毫克/升,30 分钟) 注射法(5 000 国际单位/千克)	白皮病、打印病
青霉素	浸洗法(8～30 国际单位/毫升,30 分钟) 注射法(50 000～100 000 国际单位/千克)	亲鱼运输及产后受伤
链霉素	注射法(50 000～100 000 国际单位/千克)	亲鱼运输及产后受伤
四环素软膏	涂抹	打印病
大蒜	口服法(0.5～1.5 千克/50 千克鱼,6 天)	肠炎

(三)药物施用方法

(1)药篓、药袋悬挂法　在未发病、初发病、病情较轻时使用,此法在较大的池塘中多用,在挂篓和挂袋后使池水形成一定的药物区域,起到一定的防治鱼病的作用。

(2)浸洗法　在容器内配以较高浓度的药物,在较短的时间内,强制性地使鱼浸入药液,达到杀灭鱼类体表或鳃部的病原体的目的。通常在转池、运输前后用。

(3)遍洒法　采用对病原体有杀灭效果,但对鱼体安全、无毒害的药物浓度,在池塘中泼洒,杀灭鱼类体表和鳃部以及池水中的病原体的方法,是较常用的方法。该法的关键是一定要准确计算好池水的体积和用药量,以防药效不到杀不死病原体或药效过高对鱼体产生损害。

(4)口服法 用药物混合拌在饲料内投喂,此法只适用于发病后仍具有摄食能力或轻度发病的鱼。

(5)注射法 对病毒性鱼病、细菌性鱼病的治疗或预防都可用此法,通常采用肌肉或体腔注射。

附　录

附表1　淡水养殖用水水质要求

序号	项目	标准值
1	色、臭、味	不得使养殖水体带有异色、异臭、异味
2	总大肠菌群，个/升	≤5 000
3	汞，毫克/升	≤0.000 5
4	镉，毫克/升	≤0.005
5	铅，毫克/升	≤0.05
6	铬，毫克/升	≤0.1
7	铜，毫克/升	≤0.01
8	锌，毫克/升	≤0.1
9	砷，毫克/升	≤0.05
10	氟化物，毫克/升	≤1
11	石油类，毫克/升	≤0.05
12	挥发性酚，毫克/升	≤0.005
13	甲基对硫磷，毫克/升	≤0.000 5
14	马拉硫磷，毫克/升	≤0.005
15	乐果，毫克/升	≤0.1
16	六六六(丙体)，毫克/升	≤0.002
17	DDT，毫克/升	≤0.001

附表2　水产养殖禁用渔药

序号	药物名称	英文名	别名
1	孔雀石绿	Malachite green	碱性绿
2	氯霉素及其盐、酯	Chloramphenicol	
3	己烯雌酚及其盐、酯	Diethylstilbestrol	乙烯雌酚
4	甲基睾丸酮及类似雄性激素	Methyltestosterone	甲睾酮
5	硝基呋喃类(常见如)		
	呋喃唑酮	Furazolidone	痢特灵
	呋喃它酮	Furaltadone	
	呋喃妥因	Nitrofurantoin	呋喃坦啶
	呋喃西林	Furacilinum	呋喃新
	呋喃那斯	Furanace	P-7138
	呋喃苯烯酸钠	Nifurstyrenate sodium	
6	卡巴氧及其盐、酯	Carbadox	卡巴多
7	万古霉素及其盐、酯	Vanomycin	
8	五氯酚钠	Pentachlorophenol sodium	PCP-钠
9	毒杀芬	Camphechlor (ISO)	氯化莰烯
10	林丹	Lindane 或 Gammaxare	丙体六六六
11	锥虫胂胺	Tryparsamide	
12	杀虫脒	Chlordimeform	克死螨
13	双甲脒	Amitraz	二甲苯胺脒
14	呋喃丹	Carbofuran	克百威
15	酒石酸锑钾	Antimony potassium tartrate	
16	各种汞制剂(常见如)		
	氯化亚汞	Calomel	甘汞
	硝酸亚汞	Mercurous nitrate	
	醋酸汞	Mercuric acetate	乙酸汞
17	喹乙醇	Olaquindox	喹酰胺醇

续附表 2

序号	药物名称	英文名	别名
18	环丙沙星	Ciprofloxacin	环丙氟哌酸
19	红霉素	Erythromycin	
20	阿伏霉素	Avoparcin	阿伏帕星
21	泰乐菌素	Tylosin	
22	杆菌肽锌	Zinc bacitracin premin	枯草菌肽
23	速达肥	Fenbendazole	苯硫哒唑
24	磺胺噻唑	Sulfathiazolum(ST)	消治龙
25	磺胺脒	Sulfaguanidine	磺胺胍
26	地虫硫磷	Fonofos	大风雷
27	六六六	BHC(HCH) 或 Benzem	
28	滴滴涕	DDT	
29	氟氯氰菊酯	Cyfluthrin	百树得
30	氟氰戊菊酯	Flucythrinate	保好江乌

附表 3　水产养殖生产记录表

池塘号：　　；面积：　　亩；养殖种类：　　201　年　月

饲料来源		检测单位	
饲料品牌			
苗种来源		是否检疫	
投放时间		检疫单位	

时间	体长	体重	投饲量	水温	溶解氧	pH 值	氨氮

养殖场名称：　　　　养殖证编号：

养殖场场长：　　　　养殖技术负责人：

附表 4 水产养殖用药记录表

序号							
时间							
池塘号							
用药名称							
用量/浓度							
平均体重/总重量							
病害发生情况							
主要症状							
处方							
处方人							
施药人员							
备注							

参 考 文 献

[1] 张扬宗,谭玉均,欧阳海.中国池塘养殖学.北京:科学出版社,1989.

[2] 刘健康,何碧梧.中国淡水鱼类养殖学.3版.北京:科学出版社,1992.

[3] 钟麟,邬国民,吴葆庄.淡水科学养鱼.广州:科学普及出版社,1987.

[4] 刘立仁,吴国彬.无公害淡水鱼养殖技术.昆明:云南科技出版社,2002.

[5] 关国保,姚国成.池塘养鱼关键技术.广州:广东科技出版社,2004.

[6] 张胜宇.怎样养鱼赚钱多.南京:江苏科学技术出版社,2006.

[7] 黄权,戴昀弟,刘春力.农户淡水养殖产销指南.北京:中国农业出版社,2006.

[8] 雷慧僧,薛镇宇,王武.池塘养鱼新技术.北京:金盾出版社,1997.

[9] 叶重光.看图养鱼.南宁:广西科学技术出版社,2004.

[10] 冒晓斌,武献征,冯卫.池塘高效养鱼关键技术问答.北京:中国林业出版社,2008.

策　　划：赵　中
责任编辑：王艳欣
封面设计：郑　川

池塘养鱼一月通

ISBN 978-7-5655-0016-9
9 787565 500169
定价：8.00 元

生态养羊一月通

张英杰 主编

中国农业大学出版社
CHINA AGRICULTURAL UNIVERSITY PRESS